国家出版基金项目
NATIONAL PUBLICATION FOUNDATION

河（湖）长能力提升系列丛书

U0237990

XINXI HUA HE-HU XUNCHA SHIWU

信息化河湖巡查实务

卢克　邢晨　余魁 等　编著

HE（HU）ZHANG NENGLI TISHENG XILIE CONGSHU

中国水利水电出版社
www.waterpub.com.cn
·北京·

内 容 提 要

本书为《河（湖）长能力提升系列丛书》之一，依据河长制对河道巡查的要求，系统介绍了河长制信息化巡河的相关信息技术、制度、工作职责、任务、要求与考核，河（湖）长管理信息系统建设要求，以及信息化巡河操作实例。本书主要包括概述、水利信息化技术、河（湖）长制信息化建设要求、河（湖）长制信息化管理平台、信息化河湖巡查、新兴技术应用等 6 个方面。

本书既可供河（湖）长培训使用，也可作为相关专业高等院校师生用书。

图书在版编目（ＣＩＰ）数据

信息化河湖巡查实务 / 卢克等编著. -- 北京 ： 中
国水利水电出版社，2019.10
　（河（湖）长能力提升系列丛书）
　ISBN 978-7-5170-8261-3

　Ⅰ．①信… Ⅱ．①卢… Ⅲ．①河道整治－责任制－业
务培训－教材 Ⅳ．①TV882

中国版本图书馆CIP数据核字(2019)第277417号

书　　名	河（湖）长能力提升系列丛书 **信息化河湖巡查实务** XINXIHUA HE - HU XUNCHA SHIWU	
作　　者	卢克　邢晨　余魁　等 编著	
出版发行	中国水利水电出版社 （北京市海淀区玉渊潭南路 1 号 D 座　100038） 网址：www. waterpub. com. cn E - mail：sales@ waterpub. com. cn 电话：(010) 68367658（营销中心）	
经　　售	北京科水图书销售中心（零售） 电话：(010) 88383994、63202643、68545874 全国各地新华书店和相关出版物销售网点	
排　　版	中国水利水电出版社微机排版中心	
印　　刷	北京印匠彩色印刷有限公司	
规　　格	184mm×260mm　16 开本　11.75 印张　223 千字	
版　　次	2019 年 10 月第 1 版　2019 年 10 月第 1 次印刷	
印　　数	0001—6000 册	
定　　价	**65.00 元**	

本书编委会

主　　编　卢　克

副 主 编　邢　晨　余　魁　王　军

参编人员（按姓氏笔画排序）

丁昌敏　王新星　刘　鑫　严云杰

顾世杰　高　玲　解永利　潘卫国

丛书前言
FOREWORD

党的十八大首次提出了建设富强民主文明和谐美丽的社会主义现代化强国的目标，并将"绿水青山就是金山银山"写入党章。中共中央办公厅、国务院办公厅相继印发了《关于全面推行河长制的意见》《关于在湖泊实施湖长制的指导意见》的通知，对推进生态文明建设做出了全面战略部署，把生态文明建设纳入"五位一体"的总布局，明确了生态文明建设的目标。对此，全国各地迅速响应，广泛开展河（湖）长制相关工作。随着河（湖）长制的全面建立，河（湖）长的能力和素质就成为制约"河（湖）长治"能否长期有效的决定性因素，《河（湖）长能力提升系列丛书》的编写与出版正是在这样的环境和背景下开展的。

本丛书紧紧围绕河（湖）长六大任务，以技术简明、操作性强、语言简练、通俗易懂为原则，通过基本知识加案例的编写方式，较为系统地阐述了河（湖）长制的构架、河（湖）长职责、水生态、水污染、水环境等方面的基本知识和治理措施，介绍了河（湖）长巡河技术和方法，诠释了水文化等，可有效促进全国河（湖）长能力与素质的提升。

浙江省在"河长制"的探索和实践中积累了丰富的经验，是全国河长制建设的排头兵和领头羊，本丛书的编写团队主要由浙江省水利厅、浙江水利水电学院、浙江河长学院及基层河湖管理等单位的专家组成，团队中既有从事河（湖）长制管理的行政人员、经验丰富的河（湖）长，又有从事河（湖）长培训的专家学者、理论造诣深厚的高校教师，还有为河（湖）长提供服务的企业人员，有力地保障了这套丛书的编撰质量。

本丛书涵盖知识面广，语言深入浅出，着重介绍河（湖）长工作相关的基础知识，并辅以大量的案例，很接地气，适合我国各级河（湖）长尤其是县级及以下河（湖）长培训与自学，也可作为相关专业高等院校师生用书。

在《河（湖）长能力提升系列丛书》即将出版之际，谨向所有关心、支持和参与丛书编写与出版工作的领导、专家表示诚挚的感谢，对国家出版基金规划管理办公室给予的大力支持表示感谢，并诚恳地欢迎广大读者对书中存在的疏漏和错误给予批评指正。

华和元

2019 年 8 月

本书前言
FOREWORD

当前各地区各部门正在认真贯彻落实中共中央和国务院印发的《关于全面推行河长制的意见》《关于在湖泊实施湖长制的指导意见》，信息化作为推行河（湖）长制的重要抓手，可帮助河（湖）长和河长制办公室（以下简称"河长办"）高效、便捷、实时地管理河湖。河湖巡查是基层河（湖）长的主要工作内容，应充分利用信息化技术和平台来实现业务和事件的高效管理。

本书针对基层河（湖）长信息化河湖巡查的需求，对信息化巡河的相关技术、制度、内容、系统和操作实例进行了介绍。

全书共分6章，第1章概述，主要包括河（湖）长信息化建设的背景、进展、依据和基础，以及河（湖）长巡查制度建设情况；第2章水利信息化技术，包括水利现代化与智慧水利建设，以及新一代信息化技术及其在水利行业中的应用；第3章河（湖）长制信息化建设要求，包括水利部和部分省份的相关政策及其具体要求；第4章河（湖）长制信息化管理平台，主要介绍国家河（湖）长制管理信息系统，并以案例形式介绍省级和市县级河（湖）长制信息管理系统的建设情况；第5章信息化河湖巡查，主要介绍巡河任务和职责要求，并以案例形式介绍信息化巡河实务；第6章新兴技术应用，主要介绍无人机智能巡河、水下机器人、视频监控智能报警和无人机遥感影像等新兴信息化巡河技术。

在本书撰写过程中，得到了水利部、生态环境部、浙江省河长办、宁夏河长办、新疆河长办、浙江省丽水市河长办、浙江省台州市河长办、浙江省衢州市河长办、浙江省钱塘江管理中心等单位的指导和大力支持。此外，为了切实做到理论与实践相结合、管理与应用相呼应，特意邀请在河（湖）长信息化建设方面经验丰富的企业参与本书的编写工作，其中：北京慧图科技有限公司积极组织参与本书的编写工作，并提供了宁夏、内蒙古、新疆等地的河（湖）长信息化建设实例；杭州定川信息技术有限公司、浙江职信通信科技有限公司、宁波弘泰水利信息科技有限公司、福建四创科技有限公司提供了一些浙江省河（湖）长信息化建设实例。许多专家和学者在本书编写过程中，也提出了很多宝贵的意见和建议。在此，对他们付出的辛苦和提供的帮助，表示衷心的感谢！

限于作者水平和时间限制，书中难免存在不足乃至谬误之处，敬请批评指正。

编者

2019 年 8 月

目录

CONTENTS

第1章

概　　述

1.1　河（湖）长制信息化建设背景

2016年11月以来，中共中央办公厅、国务院办公厅先后印发了《关于全面推行河长制的意见》（厅字〔2016〕42号）、《关于在湖泊实施湖长制的指导意见》（厅字〔2017〕51号），要求2018年年底前全面建立河（湖）长制；2016年12月，水利部、环境保护部贯彻落实《〈关于全面推行河长制的意见〉实施方案》（水建管函〔2016〕449号），确保各项目标任务落地生根、取得实效；2018年10月，水利部印发《关于推动河长制从"有名"到"有实"的实施意见》，提出要聚焦管好"盆"和"水"，集中开展"清四乱"行动，系统治理河湖新老水问题，向河湖管理顽疾宣战，推动河长制尽快从"有名"向"有实"转变，从全面建立到全面见效，实现名实相符。2018年6月底，全国提前半年完成全面建立河长制目标任务；2018年年底，全面建立湖长制任务如期完成。全国共明确省、市、县、乡四级河（湖）长30多万名、四级湖长2.4万名，设立村级河长93万多名、村级湖长3.3万名。为了深化河（湖）长制工作，全国多省市探索开展了"生态河湖""美丽河湖"等行动，打造了河湖管理保护的新样板。

河长制六大任务至少包括了十大技术领域，即节水技术、洁水技术、水污染治理技术、河湖淤泥处置技术、农村生活污水实用技术、农村垃圾处理实用技术、水生态修复技术、黑臭水体治理技术、监测控制技术和河长制信息化技术。全面推行河长制工作以来，各项技术得以推广应用，尤其是河长制信息化技术发展较为迅速，极大地提升了工作效率。

2018年，水利部推进河（湖）长制工作领导小组办公室、水利部水利信息

中心编制《河长制湖长制管理信息系统建设指导意见》和《河长制湖长制信息管理系统建设技术指南》，用以规范和指导地方河长制信息化建设，加快推进河（湖）长制管理工作；5 月，启动了全国河（湖）长制管理信息系统业务应用的开发工作，包括河（湖）长制基础信息管理、河（湖）长制业务信息服务、抽查督导评估与信息展示发布；8 月，启动动态台账信息管理功能。目前，国家已经建设全国河（湖）长制管理信息系统，各省（直辖市、自治区）也积极推进省级河（湖）长制管理信息平台建设，浙江、宁夏、贵州、广东、内蒙古、青海、新疆、四川、安徽、河北、河南、广西、云南等省（自治区）建设了集电脑端、移动端和微信端三端于一体的省级河（湖）长制管理信息平台，满足省、市、县三级河（湖）长制管理工作需要；各地市、县根据自身工作需要，也建立了河（湖）长制综合管理信息平台。

1.2　河（湖）长制信息化建设进展

根据《河长制湖长制管理信息系统建设指导意见》和《河长制湖长制信息管理系统建设技术指南》，水利部在河（湖）长制业务系统方面，开发了全国河（湖）长制信息管理系统，支持逐级信息报送和管理，于 2017 年 7—8 月在 4 个省开展了应用试点，结合反馈意见和建议对系统进行修改完善，对部分重点地区的河湖开展遥感监测，实现了对河湖及岸线的违法占用监测、水生态和水环境变化发现等，并将监测结果自动推送至相关地区。2018 年 1 月，上线河湖信息填报模块，各省完善河湖及河长名录；3 月，针对国家河（湖）长制管理信息系统进行信息化数据填报、系统应用等相关培训。目前该系统已完成工作进展填报、河湖信息填报、河长信息统计、工作进展统计、河长巡河功能模块，各地正在积极上报河湖名录、河长名录及体制机制建设情况。

各省积极推进河（湖）长制信息化建设工作。宁夏在国家出台《关于全面推行河长制的意见》后，积极组织开展宁夏河（湖）长制综合管理信息平台建设工作，基本实现了"统一治水平台、行业部门协同、线上线下结合、全民共同参与"的河湖治理新格局。江苏利用卫星遥感加强对河湖水域的监测。浙江在钱塘江流域、杭州等建立了包含河长信息、河道信息、公示牌信息、河长巡查日志、巡查轨迹等内容的信息化管理系统。江西环保部门完成了覆盖到县的交界断面水质监测网络建设，实现每月一测，为实现对市县考核提供了量化依据；启动全省河湖管理地理信息系统平台建设工作，拟实现河湖基础数据、涉河工程、水域岸线管理、水质监测等内容的信息化和系统化，市、县也基本建立了河长制即时通信平台。贵州将建立河湖管理保护大数据平台。还有一些省建立了河长制工作 QQ 群、微信群等即时通信平台，如福建三明、泉州实行了"易信晒河""微信治河"。通过开展试点省市的河（湖）长制建设研究，为河（湖）长制综合管理信息平台建设提供了宝贵的建设经验。

1.3　河（湖）长制信息化建设依据

1.3.1　法律法规

（1）《中华人民共和国水法》（2016 年修订）。

（2）《中华人民共和国网络安全法》（2017 年施行）。

（3）《中华人民共和国水污染防治法》（2017 年修订）。

（4）《中华人民共和国防洪法》（2016 年修正）。

（5）《中华人民共和国河湖管理条例》（2017 年修订）。

（6）《中华人民共和国水土保持法实施条例》（2011 年修订）。

（7）《饮用水水源保护区污染防治管理规定》（2010 年修正）。

（8）《中华人民共和国计算机信息系统安全保护条例》（2011 年修订）。

（9）《中华人民共和国预算法》（2014 年修订）。

1.3.2　政策依据

（1）《中共中央办公厅 国务院办公厅〈关于在湖泊实施湖长制的指导意见〉的通知》。

（2）《中共中央办公厅 国务院办公厅〈关于全面推行河长制的意见〉的通知》（厅字〔2016〕42 号）。

（3）水利部 环境保护部关于印发《贯彻落实〈关于全面推行河长制的意见〉实施方案》的函（水建管函〔2016〕449 号）。

（4）《国务院关于印发政务信息资源共享管理暂行办法的通知》（国发〔2016〕51 号）。

（5）《国务院办公厅关于印发政务信息系统整合共享实施方案的通知》（国办发〔2017〕39 号）。

（6）《关于进一步加强政务部门信息共享建设管理的指导意见》（发改高技〔2013〕733 号）。

（7）《国务院关于印发〈水污染防治行动计划〉的通知》（国发〔2015〕17 号）。

（8）《党政领导干部生态环境损害责任追究办法（试行）》（中共中央办公厅国务院办公厅 2015 年 8 月）。

（9）《生态文明体制改革总体方案》（中共中央办公厅 国务院办公厅 2015 年 9 月）。

（10）《水利部印发〈关于推进水利大数据发展的指导意见〉的通知》（水信息〔2017〕178 号）。

（11）《水利部办公厅关于加强全面推行河长制工作制度建设的通知》（办建管函〔2017〕544 号）。

1.3.3　标准规范

（1）《河长制湖长制管理信息系统建设指导意见》（水利部推进河（湖）长制工作领导小组办公室、水利部水利信息中心）。

（2）《河长制湖长制管理信息系统建设技术指南》（水利部推进河（湖）长制工作领导小组办公室、水利部水利信息中心）。

（3）《水利信息化资源整合共享顶层设计》（水利部网络安全与信息化领导小组办公室，2016 年 4 月）。

（4）《指挥自动化计算机网络安全要求》（GJB 1281—91）。

（5）《信息安全技术信息系统管理安全要求》（GB/T 20269—2006）。

（6）《信息安全技术网络基础安全技术要求》（GB/T 20270—2006）。

（7）《信息安全技术信息系统通用安全技术要求》（GB/T 20271—2006）。

（8）《信息安全技术操作系统安全要求》（GB/T 20272—2006）。

（9）《信息安全技术数据库管理系统安全技术要求》（GB/T 20273—2006）。

（10）《计算机软件文档编制规范》（GB/T 8567—2006）。

（11）《信息技术软件产品评价质量特性及其使用指南》（GB/T 16260—

2006）。

（12）《计算机软件需求说明编制指南》（GB 9385—2008）。

（13）《软件维护指南》（GB/T 14079—1993）。

（14）《软件文档管理指南》（GB/T 16680—1996）。

（15）《网络技术标准》（IEEE 802.3）。

（16）《软件质量保证设计标准》（IEEE 730.1—1995）。

（17）《计算机软件质量保证计划规范》（GB/T 12504—2008）。

（18）《计算机软件文档编制规范》（GB/T 8567—2006）。

（19）《计算机软件测试规范》（GB/T 15532—2008）。

（20）《信息技术　开放系统互联　高层安全模型》（GB/T 17965—2000）。

（21）《信息技术　开放系统互联　基本参考模型》（GB/T 9387.1～4）。

（22）《信息技术　开放系统互联　应用层结构》（GB/T 17176—1997）。

（23）《信息技术　开放系统互联　开放系统安全框架》（GB/T 18794.1～7）。

（24）《信息技术　开放系统互联　通用高层安全》（GB/T 18237.1～4）。

（25）《计算机软件可靠性和可维护性管理》（GB/T 14394—2008）。

（26）《软件工程术语》（GB/T 11457—2006）。

（27）《中华人民共和国行政区划代码》（GB/T 2260—2007）。

（28）《县以下行政区划代码编制规则》（GB/T 10114—2003）。

（29）《信息数据分类与代码》（GB/T 13923—2006）。

（30）《建设工程监理与相关服务收费标准》（发改价格〔2007〕670号）。

1.4　河（湖）长制信息化建设基础

1. 水利信息化管理方面

（1）截至2018年年底，各流域管理机构和省级水行政主管部门全部成立了网信领导小组（或信息化工作领导小组）及其办公室，信息化从业人员达到5200多人，其中专职运维人员达到1300多人。

（2）《水利部信息化建设与管理办法》《关于进一步加强水利信息化建设与管理的指导意见》等文件相继出台，进一步规范了水利信息化建设与管理工作。

（3）2018年，全国省级以上水利部门主持在建的信息化项目计划投资总额

超过 56 亿元，落实的年度运行保障经费总额超过 4 亿元。

2. 规划与技术体系方面

从"十一五"开始，水利信息化发展五年规划成为全国水利改革发展五年规划的专项规划之一，对全国水利信息化进行统筹安排，相继印发了《水利信息化顶层设计》《水利信息化资源整合共享顶层设计》《水利网络安全顶层设计》等指导性文件。在顶层设计架构下，通过完善水利信息化标准体系，解决技术层面的共享协同问题；通过制定项目建设与管理办法，解决共享协同的体制机制问题。此外，还出台了防汛抗旱、水资源管理、水土保持、水利电子政务、水利数据中心等方面的建设技术要求，指导各层级项目建设。以上措施对促进互联互通、资源共享、业务协同发挥了重要作用。

3. 信息基础设施方面

通过国家防汛抗旱指挥系统工程、国家水资源监控能力建设、国家地下水监测工程等重点项目建设，水利信息化基础设施初具规模。

（1）截至 2018 年年底，全国省级以上水利部门各类信息采集点达 45 万处，采集内容大幅度扩展，先进技术得到应用，立体化水利综合信息采集体系初步构建。

（2）水利部机关与所有部属单位、省级水行政主管部门实现了全联通；流域管理机构与其直属单位和下属单位实现了全联通；省级水行政主管部门与其地市级水行政主管部门实现全联通，与区县级水行政主管部门联通率达到 86.48%。

（3）全国县级以上水利部门共配备各类卫星设备 3800 多台（套），北斗卫星短报文传输报汛站达 6500 多个。

（4）初步建成了水利部基础设施云，构建了本地异地的水利数据灾备总体布局，全国省级以上水利部门共配备各类服务器 5700 多台（套），存储设备 800 多台（套），存储能力约 18PB。

（5）建立了覆盖 7 个流域管理机构、32 个省级、341 个地市级、2463 个区县级水利部门和 17000 多个乡镇的水利视频会商系统，2018 年共召开视频会议 2.3 万次，参会人数达到 128 万人次，应用效益显著。

4. 信息资源开发利用方面

自 2015 年印发《水利信息化资源整合共享顶层设计》以来，按照"整合已

建、统筹在建、规范新建"的思路大力推进资源整合共享工作。水利部以水信息基础平台建设为抓手，创建水利数据模型对水利数据进行统一组织管理，以日常管理面对的水利和涉水对象作为主线，对分散信息进行汇集、组织和关联，并按照"统一数据模型""统一数据目录"构建水利信息资源体系，已累计整理入库 47 类 961 万多个对象。2017 年，国务院部署开展政务信息系统整合共享工作，各级水利部门按照统一要求，编制了水利政务信息资源目录，初步摸清了数据家底。截至 2018 年年底，全国省级以上水利部门存储的各类信息资源约 1500 多项，数据总量约 2.5PB。

5. 业务应用方面

在水利信息化重点工程的带动下，业务应用从办公自动化、洪水、干旱、水资源管理等重点领域向全面支撑业务工作推进。国家防汛抗旱指挥系统二期主体工程基本完成，构建了覆盖我国大江大河、主要支流和重点防洪区的信息收集、预测预报、防洪调度体系以及旱情信息报送体系。国家水资源监控能力建设项目基本建立了支撑最严格水资源管理的三大监控体系和三级信息平台。全国水土保持管理信息系统构建了由水利部监测中心、流域监测中心站、省级监测总站、地市监测分站、监测点组成的监测体系以及支撑监测、监督、治理的业务应用系统。水利财务管理、河长制湖长制管理、农村水利管理、水利工程建设与管理、水利安全生产监督管理等重要信息系统也先后投入运行。

6. 新技术与业务融合方面

水利部搭建了基础设施云，实现计算、存储资源的池化管理和按需弹性服务，支撑了国家防汛抗旱指挥系统、国家水资源监控能力建设、水利财务管理信息系统等项目建设。太湖局利用水文、气象和卫星遥感等信息和模型对湖区水域岸线和蓝藻进行监测，提升了引江济太工程调度等工作的预判准确性。浙江水利部门在舟山应用大数据技术，通过通信部门提供的手机实时位置信息，及时掌握台风防御区的人员动态情况，并结合气象部门的台风路径、影响范围等信息进行分析后，自动通过短信等方式最大范围地发布预警和提醒信息，为科学决策和有效指导人员避险、财产保护等提供有力支撑。无锡水利部门利用物联网技术，对太湖水质、蓝藻、湖泛等进行智能监测，实现蓝藻打捞、运输车船智能调度，提升了太湖治理的科学水平。

7. 区域智慧水利方面

浙江台州开展的智慧水务试点工作已初具成效。上海应用"互联网＋"实

7

现了智能防汛。广东省水利厅出台了《广东省"互联网＋现代水利"行动计划》。江西省水利厅出台了《江西省智慧水利建设行动计划》，并依托智慧抚河信息化工程等项目建设积极开展智慧水利建设。宁夏回族自治区水利厅启动了"互联网＋水利"行动。各地河（湖）长制管理工作中综合运用遥感、移动互联网、云技术、大数据协助河（湖）长开展工作已成趋势。

1.5 河（湖）长巡查制度建设

为贯彻落实党中央、国务院关于全面推行河（湖）长制的决策部署，建立健全河（湖）长制相关工作制度，根据中共中央办公厅、国务院办公厅印发的《关于全面推行河长制的意见》《水利部 环境保护部贯彻落实〈关于全面推行河长制的意见〉实施方案》要求，结合各地实践经验，水利部研究提出了全面推行河（湖）长制相关工作制度清单。

工作制度清单指出，各地需抓紧制定并按期出台河长会议、信息共享、工作督察、考核问责和激励、验收等制度；同时，在全面推行河长制工作中，一些地方探索实践河长巡查、重点问题督办、联席会议等制度，有力推进了河长制工作的有序开展。因此，各地可根据本地实际，因地制宜，积极探索符合本地实际的相关工作制度。

其中，河（湖）长巡查制度需明确各级河（湖）长定期巡查河湖的要求，确定巡查频次、巡查内容、巡查记录、问题发现、处理方式、监督整改等。

各省、市、县根据水利部的相关要求和决策部署，以加强巡河巡湖为抓手，以扎实开展专项行动为重点，相继出台了河湖巡查的工作机制，围绕河（湖）长制六大任务，坚持问题导向，加强巡河巡湖检查，落实巡河责任，明确巡河要求，细化巡河内容，强化问题整改，严肃追责问责，完善保障措施，建立长效机制，推动河（湖）长制从"有名"到"有实"，从而促进河湖面貌持续改善。

例如，河北省于 2018 年 10 月 16 日印发《河北省河（湖）长巡查工作制度（试行）》，对河（湖）长巡查的职责分工、频次、内容、记录和问题处理提出了规范性要求，其中：巡查分为常规巡查和专项巡查，主要任务是通过河湖现场巡查，及时发现各类侵占水域岸线、污染河湖水质、破坏河湖水环境和水生态等违法违规行为。2019 年 7 月 23 日发布的《关于进一步强化基层河长湖长巡河（湖）履职工作的通知》中再次强调需强化平台运用，市、县、乡三级河（湖）长必须使用河（湖）长云 APP 开展巡河（湖）、记录问题及交办工作，原则上村级河（湖）长也要使用河（湖）长云 APP 开展巡河巡湖；各地乡镇应设立河（湖）长制信息管理平台管理员，对于暂时不能使用河（湖）长云 APP 的村级河（湖）长，应及时将日常巡查情况上报至乡镇平台管理员，由乡镇平台管理员每周汇总后将巡河（湖）情况上传至河（湖）长制信息管理平台；省河（湖）长办将每月利用管理平台对各级河（湖）长巡河（湖）数据进行统计分析，并对市、县、乡、村四级河（湖）长巡查履职情况进行排名并通报。

第 2 章

水 利 信 息 化 技 术

2.1 水利现代化与智慧水利建设

2.1.1 水利现代化

水利现代化建设作为我国现代化建设的重要组成，是当前社会经济发展的基础支撑之一，对我国经济建设和社会的稳定发展有着重要的作用。水利信息化可以满足水利现代化的需要，随着信息化在水利各领域的不断应用，必将助推我国水利现代化进程的快速发展。

充分利用信息化技术，带动水利现代化建设，促进水利现代化的进程，是目前我国水利现代化建设的总体思路。

水利现代化是指将现代化的手段应用于水利工作，使其能够适应现代社会的需求，促进社会的可持续发展。传统水利以各种"兴水利、除水害"工程建设为主要手段来满足经济社会发展对安全保障和资源供给的需要，现代水利则注重水与经济、社会、环境及其他资源的持续协调发展。水利现代化是由传统水利向现代水利转变的渐进的动态发展过程，最终实现水利可持续发展与经济社会可持续发展的和谐并存。

水利现代化的内涵体现在思想观念现代化、科学技术现代化、基础设施现代化和管理服务现代化等 4 个方面，有 8 个基本特征：①科学性，即治水思路、治水理念和水利发展的科学性；②安全性，即水网络体系能为经济社会发展提供安全保障并具有一定的抗风险能力；③高效性，即高效开发利用水资源；④公平性，即水利服务的公平；⑤规范性，即水管理制度的规范完整；⑥先进

性，即水利发展程度的完善性和发展水平的先进性；⑦创新性，即水利要具有较强的创新能力；⑧可持续性，即水资源利用的可持续性和对经济社会可持续发展的支持与保障。

水利现代化的发展依赖于水利的信息化水平。水利信息化是指充分利用计算机技术、微电子技术、通信技术、光电技术、遥感、地理信息等现代信息技术，深入开发和广泛利用水利信息资源，包括水利信息的采集、传输、存储、处理和服务，全面提升水利事业活动效率和效能，为水资源的开发利用、水资源的配置与使用、水环境保护与治理等管理和决策服务，提高水利行业的科学管理水平。

水利信息化的首要任务是在全国水利系统中广泛应用现代信息技术，建设水利信息基础设施，解决水利信息资源不足和有限资源共享困难等突出问题，提高防汛减灾、水资源优化配置、水利工程建设管理、水土保持、水质监测、农村水利水电和水利政务等水利业务中信息技术应用的整体水平，带动水利现代化。

水利部于2016年12月26日印发了《关于进一步加强水利信息化建设与管理的指导意见》，指出水利信息化工作的目标为：围绕水利行业的中心工作，整合资源、优化配置，强化融合、深化共享，在全国范围内建成协同智能的水利业务应用体系、有序共享的水利信息资源体系、集约完善的水利信息化基础设施体系、安全可控的水利网络安全体系及优化健全的水利信息化保障体系，实现互联互通、信息共享、应用协同和安全保障，全面提升水利信息化水平，推动"数字水利"向"智慧水利"转变，推进水治理体系和水治理能力现代化。

2.1.2 智慧水利

党的十九大明确提出要建设网络强国、数字中国、智慧社会。习近平总书记在中央网络安全和信息化领导小组第一次会议上，指出"网络安全和信息化是一体之两翼、驱动之双轮"，在2018年全国网络安全和信息化工作会议上，对实施网络强国战略作出了全面部署，强调要敏锐抓住信息化发展历史机遇，自主创新推进网络强国建设。2018年中央一号文件明确提出实施智慧农业林业水利工程。2018年6月，水利部部长鄂竟平在水利网信工作会议上提出"安全、实用"水利网信发展总要求。2019年1月，水利部部长鄂竟平在全国水利工作会议上明确提出"水利工程补短板、水利行业强监管"水利改革发展总基调，要求尽快补齐信息化短板，在水利信息化建设上提档升级，做好水利业务需求分析，抓好智慧水利顶层设计，构建安全实用、智慧高效的水利信息大系统，实现以水利信息化驱动水利现代化。智慧水利是智慧社会的重要组成部分，是新时代水利信息化发展的更高阶段，是落实水利十大业务需求分析、补短板和强监管的重要抓手，是水利业务流程优化再造的驱动引擎、水利工作模式创新的技术支撑，也是推进水治理体系和治理能力现代化的客观要求。

　　智慧水利由智慧地球、智慧城市引申而来，由多个子系统构成，是能够迅速、正确地感知、记忆、理解、计算、分析、判断、解决各种水利问题的高级综合系统。智慧水利依托计算机、无线通信、3S、虚拟仿真、物联网、集群控制等现代化技术手段，实现整个区域水利信息资源的采集、整合、管理、更新、共享和发布，建设统一的支撑、应用、决策和执行平台，形成较为完善的信息化管理体系，有效提升区域水利综合管理能力，基本实现区域水利现代化。通过充分利用现代技术手段，大力推动传统水利向现代水利、智慧水利转变。

　　智慧水利由水利物联网、水利大数据、水利模型、人工智能、深度学习等组成。其目标是更透彻的感知、更高效的数据整合、更全面的互联互通和更深入的智能化。具体表现在：①更高效安全的水利信息处理和资源整合能力；②更科学的水利监测、预警、分析、预测和决策能力；③更高水平的水利设施远距离控制和智能化执行能力；④更协调的水利业务跨部门、多层级、异地点合作能力。

　　智慧水利是水利信息化发展的高级阶段，是实现水利现代化的关键，贯穿于防洪减灾、水资源配置、水环境保护等体系，具体体现为"物联感知、互联互通、科学决策、智能管理"，即通过对水文信息、工情信息以及管理信息等的感知，借助互联网实现各类信息的全面共享与互联互通，利用数据挖掘、仿真模拟、决策分析、自动控制等技术实现防洪防潮治涝、水资源高效利用、水生态环境保护以及现代化水利行业管理服务等领域的科学预测预警、评估决策，从而全面提高水利精细化管理能力和水平，提升对自然灾害、突发事件的应急决策能力，提升科学管理水平，带动水利现代化进程。

　　智慧水利有以下特征：

（1）信息实时感知。在日益全球化的环境中，交错的新老"水问题"，给水利科技带来极大的考验，智慧水利通过透彻感知，用全方位、全对象、全指标的监测造就了多类、高质量的数据支持，用于社会管理与公共服务，这也是智慧社会的要求和根基。信息实时感知要求传统的实时监控要有物联网、卫星遥感、无人机、视频监控、智能手机等新技术的支持。整个系统的关键在于系统的基本数据源，采集水利、气象系统、排水管理、监测体系等的行业数据。

（2）数据的全面整合。智慧水利系统通过对水利信息的全方位整合，整理并分享水利系统的信息资源。数据的全面整合要求光纤、微波及其他传统通信技术的支撑，同时将物联网、移动互联网、卫星通信、无线网络等技术交互使用。

（3）智慧应用的创新。使用最新的识别技术、大数据、云计算、物联网、人工智能、移动互联网等，识别、模拟、预测预判和快速响应水利工程的调控、管理对象和服务对象的行为，以此提供高效率、方便的水利系统功能服务，符合智慧水利所需要的远程监控、计算、存储、灾备、会商等功能。

（4）协同操作。水利系统各功能操作的协调处理是建立综合信息处理平台的关键。在于其可以实现各部门和系统间的协同操作，共享不同专业水利部门的信息，涵盖防汛抗旱、水利建设、水资源管理、河湖保护、城乡供水、农业灌溉、水土保持等业务，也包含文字、图表、音频、影像等各类互通的数据，让各项功能更符合水利系统的需求。

2.2　新一代信息技术及其水利应用

当前，云计算、物联网、大数据、移动互联网、人工智能等新一代信息技术与经济社会各领域不断深度融合，带来了生产力又一次质的飞跃。在信息革命浪潮下，谁掌握了发展先机，谁就有可能赢得未来发展的主动权。准确把握技术发展趋势，充分利用新一代信息技术驱动水利改革发展，不仅是贯彻落实党的十九大精神推进国家水治理体系和治理能力现代化的必由之路，也是抢抓信息化发展机遇、应对水利主要矛盾变化、补齐水利信息化短板、支撑水利行业强监管的有效途径。

2.2.1 "互联网＋"

"互联网＋"代表一种新的经济形态，即充分发挥互联网在生产要素配置中的优化和集成作用，将互联网的创新成果深度融合于经济社会各领域之中，提升实体经济的创新力和生产力，形成更广泛的以互联网为基础设施和实现工具的经济发展新形态。（《国务院关于积极推进"互联网＋"行动的指导意见》）

"互联网＋"是互联网思维的进一步实践成果，推动经济形态不断地发生演变，从而增强社会经济实体的生命力，为改革、创新、发展提供广阔的网络平台。通俗地说，"互联网＋"就是"互联网＋各个传统行业"，但这并不是简单的两者相加，而是利用信息通信技术以及互联网平台，让互联网与传统行业进行深度融合，创造新的发展生态。

"互联网＋"概念的中心词是互联网，它是"互联网＋"计划的出发点。"互联网＋"计划具体可分为两个层次的内容来表述：一方面，可以将"互联网＋"概念中的文字"互联网"与符号"＋"分开理解，符号"＋"意为加号，即代表着添加与联合，这表明了"互联网＋"计划的应用范围为互联网与其他传统产业，它是针对不同产业间发展的一项新计划，应用手段则是互联网与传统产业进行联合和深入融合；另一方面，"互联网＋"作为一个整体概念，其深层意义是通过传统产业的互联网化完成产业升级，将开放、平等、互动等互联网特性运用在传统产业，经由大数据的分析与整合，理清供求关系，以此调整传统产业的生产方式、产业结构等内容，增强经济发展动力，提升效益，从而促进国民经济健康有序发展。

"互联网＋"是现代化和信息化融合的升级版，将互联网作为当前信息化发展的核心特征提取出来，并与工业、商业、金融业等行业全面融合。这其中的关键就是创新，只有创新才能让这个"＋"真正有价值、有意义。正因如此，"互联网＋"被认为是知识社会创新 2.0 推动下的互联网发展新形态、新业态。

1."互联网＋"的特征

（1）跨界融合。"＋"就是跨界，就是变革，就是开放，就是重塑融合。敢于跨界，创新的基础才会坚实；融合协同，群体智能才会实现，从研发到产业化的路径才会更垂直。融合本身也指代身份的融合，客户消费转化为投资，伙伴参与创新等，不一而足。

（2）创新驱动。我国粗放的资源驱动型增长方式早就难以为继，必须转变到创新驱动发展这条正确的道路上来。这正是互联网的特质，用互联网思维来求变、自我革命，才更能发挥创新的力量。

（3）重塑结构。信息革命、全球化、互联网业已打破了原有的社会结构、经济结构、地缘结构、文化结构，权力、议事规则、话语权不断在发生变化。"互联网＋社会治理""互联网＋虚拟社会治理"会是很大的不同。

（4）尊重人性。人性的光辉是推动科技进步、经济增长、社会进步、文化繁荣的最根本的力量，互联网力量的强大也来源于对人性的最大限度的尊重、对用户体验的敬畏、对人的创造性发挥的重视，如 UGC、卷入式营销、分享经济。

（5）开放生态。关于"互联网＋"，生态是非常重要的特征，而生态的本身就是开放的。推进"互联网＋"，其中一个重要的方向就是要把过去制约创新的环节化解掉，把孤岛式创新连接起来，让研发由市场驱动，让创业者有机会实现价值。

（6）连接一切。连接是有层次的，可连接性是有差异的，连接的价值是相差很大的，但是连接一切是"互联网＋"的目标。

2. "互联网＋现代水利"

"互联网＋现代水利"是围绕新时期水利工作方针，以发展数字化、网络化、智能化的"互联网＋"产业新业态为抓手，推进"互联网＋"在水利各领域的广泛应用，全面提升三防减灾、河（湖）长制、水安全、水生态、水管理、水服务信息化水平。

"互联网＋现代水利"是水利产业转型与升级的机遇，一方面可实现水利管理模式网络化、信息化的突破；另一方面"互联网＋"将引领生产力的变革，促进新思维、新科技、新材料在水利行业更广泛地运用。

通过"互联网＋"可破解水利管理在时间层面、空间层面的阻碍，如通过远程数据的自动采集、监控、调度、分析、预警等功能，实现"不到现场也能看现场、听汇报"的"千里眼""顺风耳"功能，便于及时、准确、整体地掌握区域范围的水情、雨情，为防汛指挥决策提供保障。随着我国水资源管理和水环境保护问题的日益突出，需要收集与处理的水利、水务与水环境信息资源越来越多，对信息的准确性和实时性要求越来越高，"互联网＋"无疑提供了抓手。另外，水利部门可以根据对区域水量、水位、气象、水质、蒸发量等信息的分析，为水资源调度、农业灌溉等提供决策支持，从而实现区域内各类水利设施按需自动控制，提高管理效率等。

2.2.2　物联网

物联网是新一代信息技术的重要组成部分，也是信息化时代的重要发展阶段。其英文名称是 Internet of Things（IoT），顾名思义，物联网就是物物相连的互联网，有两层意思：①物联网的核心和基础仍然是互联网，是在互联网基础上延伸和扩展的网络；②其用户端延伸和扩展到了任何物品与物品之间，进行信息交换和通信，即物物相息。物联网通过智能感知、识别技术与普适计算等通信感知技术，广泛应用于网络的融合中，也因此被称为继计算机、互联网之后世界信息产业发展的第三次浪潮。物联网是互联网的应用拓展，与其说物联网是网络，不如说物联网是基于互联网的业务和应用。因此，应用创新是物联网发展的核心，以用户体验为核心的创新 2.0 是物联网发展的灵魂。

物联网具体指的是将无处不在的末端设备和设施，包括具备"内在智能"的传感器、移动终端、工业系统、数控系统、家庭智能设施、视频监控系统等，和"外在使能"的贴上 RFID 的各种资产、携带无线终端的个人与车辆等"智能化物件"或"智能尘埃"，通过各种无线和（或）有线的长距离和（或）短距离通信网络实现互联互通、应用大集成以及基于云计算的 SaaS 营运等模式，在内网、专网和（或）互联网环境下，采用适当的信息安全保障机制，提供安全可控乃至个性化的实时在线监测、定位追溯、报警联动、调度指挥、预案管理、远程控制、安全防范、远程维保、在线升级、统计报表、决策支持、领导桌面等管理和服务功能，实现对万物的高效、节能、安全、环保的管、控、营一体化。

1. 物联网应用中的关键技术

（1）传感器技术。传感器技术也是计算机应用中的关键技术，因为绝大部分计算机处理的都是数字信号，就需要传感器把采集到的模拟信号转换成数字信号，计算机才能处理。

（2）RFID 标签。FRID 标签也是一种传感器技术，是融合了无线射频技术和嵌入式技术为一体的综合技术，在自动识别、物品物流管理方面有着广阔的应用前景。

（3）嵌入式系统技术。嵌入式系统技术是综合了计算机软硬件、传感器技术、集成电路技术、电子应用技术为一体的复杂技术。经过几十年的演变，以嵌入式系统为特征的智能终端产品随处可见，小到人们身边的智能手机，大到航天航空系统。嵌入式系统正在改变着人们的生活，推动着工业生产以及国防工业的发展。

如果把物联网用人体做一个简单比喻，传感器相当于人的眼睛、鼻子、皮肤等感官，网络就是神经系统，用来传递信息，嵌入式系统则是人的大脑，在接收到信息后要进行分类处理。

2. 物联网技术在水利信息化中的应用

（1）在水资源与水环境管理中的应用。水利工作人员可以利用物联网技术优化水环境检测功能，全天 24 小时监控重要水域。现阶段，随着社会经济高速发展，很多地区为了加快工业发展步伐，不惜以破坏水环境为代价，破坏生态系统平衡，严重影响了当地居民的生活环境。物联网技术的运用，可以有效监测水文情况，发现问题并及时处理，避免无良企业向河流、湖泊中排放污水。水利行业逐渐加快了信息化脚步，在水域入口处安装了大量的智能监控设备，帮助工作人员掌握水污染的真实情况，有助于水资源的保护。物联网技术还具有智能计量功能，能减少水资源浪费。在实际运用中，可通过智能水表、无线技术、传感器完成水库与取水单位的双向信息传递，准确测定该处水资源的消耗量，一旦水量超出标准范围就会发出警示，提醒工作人员及时处理。除此之外，物联网在水利信息化中的应用还体现在水质监测上，为水资源的开发与管理提供翔实的数据。

（2）在防汛抗旱决策管理中的应用。物联网技术在防汛抗旱决策管理中应用广泛，显著提升了决策水平。工作人员可利用该技术建立水情、雨情、灾情及工情信息采集系统，将信息收集、网络传输、数据库统计等多项功能集于一体。物联网技术可以预警旱灾与水灾，主要以电子计算机技术、监测技术与多媒体手段等为依托，在科学分析该地往年相关信息的基础上，综合考虑方方面面的因素，建立数字一体化的虚拟平台，提高了预警的科学性、及时性与准确性。举例来说，防洪预警主要利用前端水雨情采集系统和预警信息发布系统共同完成工作，运用了物联网中的 M2M 通信技术，能够实时采集当地的水雨情信息，协助工作人员制定合理有效的防洪方案。

（3）传统农业及灌溉方面的应用。土壤的水分既是植物生长的来源，也是农业生产中土壤信息必要的部分，因此使用物联网技术监控土壤水分对于农业节水灌溉决策来说非常关键。在网络监测及控制层上通过搜集、整合、输送、处理土壤水分实现量化，保证农作物处在理想的、适合生长的环境。

（4）在通信系统中的应用。物联网技术能够实现可靠传输，在水利行业通信系统中有着重要应用。传统传输系统存在数据存储形式单一、容易失真的问题，而遥感技术、地理信息系统、全球定位系统技术的使用能够满足视频、音频等多种形式的水利数据及时准确地传输给工作人员。在水利信息化过程中，物联网技术通过网络实现集成共享，并加入了三维可视化技术，将多种空间信息与环境信息更加直观形象地显示给工作人员。

2.2.3　云技术

云技术是指在广域网或局域网内将硬件、软件、网络等系列资源统一起来，实现数据的计算、储存、处理和共享的一种托管技术。云技术具有费用低、速度快、扩展能力强、效率高、性能强、安全性高等优点。当今社会是信息爆炸的时代，大量的数据对计算机的存储和运算能力的要求越来越高，这时候就需要云技术来处理。常见的有阿里云、腾讯云等。

云技术商业应用中的网络技术、信息技术、整合技术、管理平台技术、应用技术等，可以组成资源池，按需所用，灵活便利。网络系统的后台服务需要大量的计算、存储资源，如视频网站、图片类网站和门户网站。伴随着互联网行业的高度发展和应用，将来每个物品都有可能存在自己的识别标志，都需要传输到后台系统进行逻辑处理，不同程度级别的数据将会分开处理，各类行业数据都需要强大的系统后盾支撑，只能通过云技术来实现。

1. 云计算的关键技术

（1）虚拟化技术。虚拟化技术是指计算元件在虚拟的基础上而不是真实的基础上运行，它可以扩大硬件的容量，简化软件的重新配置过程，减少软件虚拟机相关开销和支持更广泛的操作系统。通过虚拟化技术可实现软件应用与底

层硬件相隔离，它包括将单个资源划分成多个虚拟资源的裂分模式，也包括将多个资源整合成一个虚拟资源的聚合模式。虚拟化技术根据对象可分成存储虚拟化、计算虚拟化、网络虚拟化等，计算虚拟化又分为系统级虚拟化、应用级虚拟化和桌面虚拟化等。在云技术实现中，计算虚拟化是一切建立在"云"上的服务与应用的基础。虚拟化技术主要应用在 CPU、操作系统、服务器等多个方面，是提高服务效率的最佳解决方案。

（2）分布式海量数据存储。云计算系统由大量服务器组成，同时为大量用户服务，因此云计算系统采用分布式存储的方式存储数据，用冗余存储的方式（集群计算、数据冗余和分布式存储）保证数据的可靠性。冗余存储通过任务的分解和集群，用低配机器替代超级计算机来保证低成本，这种方式保证分布式数据的高可用性、高可靠性和经济性，即为同一份数据存储多个副本。云计算系统中广泛使用的数据存储系统是 Google 的 GFS 和 Hadoop 团队开发的 GFS 的开源实现 HDFS。

（3）海量数据管理技术。云技术需要对分布的、海量的数据进行处理、分析，因此，数据管理技术必须能够高效地管理海量数据。云计算系统中的数据管理技术主要是 Google 的 BigTable 数据管理技术和 Hadoop 团队开发的开源数据管理模块 HBase。由于云数据存储管理形式不同于传统的 RDBMS 数据管理方式，如何在规模巨大的分布式数据中找到特定的数据，也是云计算数据管理技术所必须解决的问题。同时，由于管理形式的不同造成传统的 SQL 数据库接口无法直接移植到云管理系统中来，需要为云数据管理提供 RDBMS 和 SQL 的接口。另外，在云数据管理方面，如何保证数据的安全性和数据访问的高效性也是研究关注的重点问题之一。

（4）分布式并行编程模型。云技术提供了分布式的计算模式，客观上要求必须有分布式的编程模式。云计算采用了一种思想简洁的分布式并行编程模型 Map-Reduce。Map-Reduce 是一种编程模型和任务调度模型，主要用于数据集的并行运算和并行任务的调度处理。在该模式下，用户只需要自行编写 Map 函数和 Reduce 函数即可进行并行计算。其中，Map 函数中定义各节点上的分块数据的处理方法，而 Reduce 函数定义中间结果的保存方法以及最终结果的归纳方法。

（5）云平台管理技术。云技术资源规模庞大，服务器数量众多并分布在不同的地点，同时运行着数百种应用，如何有效地管理这些服务器，保证整个系统提供不间断的服务是巨大的挑战。云平台管理技术能够使大量的服务器协同工作，方便地进行业务部署和开通，快速发现和恢复系统故障，通过自动化、智能化的手段实现大规模系统的可靠运营。

2. 云技术的特点

云技术使计算分布在大量的分布式计算机上，而非本地计算机或远程服务器中，企业数据中心的运行将与互联网更相似。这使得企业能够将资源切换到需要的应用上，根据需求访问计算机和存储系统，好比是从古老的单台发电机模式转向了电厂集中供电的模式。它意味着计算能力也可以作为一种商品进行流通，就像煤气、自来水、电一样，取用方便，费用低廉。最大的不同在于，它是通过互联网进行传输的。

云技术有以下特点：

（1）超大规模。云具有相当的规模，谷歌云已经拥有 100 多万台服务器，亚马逊、IBM、微软、雅虎等的云均拥有几十万台服务器。企业私有云一般拥有数百至上千台服务器。云能赋予用户前所未有的计算能力。

（2）虚拟化。云技术支持用户在任意位置使用各种终端获取应用服务。所请求的资源来自云，而不是固定的有形的实体。应用在云中某处运行，用户无需了解也不用担心应用运行的具体位置，只需要一台笔记本或者一部手机，就可以通过网络服务来实现他们需要的一切，甚至包括超级计算这样的任务。

（3）高可靠性。云使用了数据多副本容错、计算节点同构可互换等措施来保障服务的高可靠性，使用云计算比使用本地计算机可靠。

（4）通用性。云技术不针对特定的应用，在云的支撑下可以构造出千变万化的应用，同一个云可以同时支持不同的应用运行。

（5）高可扩展性。云的规模可以动态伸缩，以满足应用和用户规模增长的需要。

（6）按需服务。云是一个庞大的资源池，用户可按需购买；云可以像自来水、电、煤气那样计费。

（7）极其廉价。由于云的特殊容错措施，可以采用极其廉价的节点来构成云，云的自动化集中式管理使大量企业无需负担日益高昂的数据中心管理成本，云的通用性使资源的利用率较传统系统大幅提升，因此用户可以充分享受云的低成本优势，经常只要花费几千元、几天时间就能完成以前需要数十万元、数月时间才能完成的任务。

云技术可以彻底改变人们未来的生活，但同时也要重视环境问题，这样才能真正为人类进步做贡献，而不是简单的技术提升。云技术也有潜在的危险性。云技术除了提供计算服务外，还提供存储服务。但是云技术当前垄断在私人机构（企业）手中，他们仅仅能够提供商业信用。政府机构、商业机构（特别像银行这样持有敏感数据的商业机构）对于选择云技术服务应保持足够的警惕。对于信息社会而言，"数据（信息）"是至关重要的。同时，云技术中的数据对于数据所有者以外的其他用户是保密的，但是对于提供云技术的商业机构而言确实毫无秘密可言。这些潜在的危险，是商业机构和政府机构选择云技术服务，特别是国外机构提供的云技术服务时，不得不考虑的一个重要问题。

3. 云技术在水利信息化建设中的应用

云技术在水利信息化建设中已经可以实现水利部门对数据信息的互通，云存储和云桌面等都是云技术的主要应用方面。

（1）云存储。在社会高速发展的今天，云存储完全改变了以往低效的存储方式，不需要纸笔，不需要人为传递等，一切的数据全部存储在云端，一切操作都只在云端进行，实现各类条件下的自动化存储，同时各个部门可以随时进行数据信息的共享。在水利系统中，各级的数据信息都由不同的部门实现管理，各个地区数据信息的共享和整理合并都可以通过云存储的方法实现，在水利工作中，云存储可以实时提供各个地区的数据信息给有关部门，对相关决策的制定发挥巨大的作用，在实际灾情中也可发挥重要的作用，例如防汛、山洪预防和抢险、水污染治理等。

（2）云桌面。云技术使用的云服务器对用户要求很高，需要掌握大量的专业知识才可以使用指令进行操作，但是云桌面很好地解决了这个问题。云桌面提供了友好的可视化交互界面，用户对其进行操作就和操作自己的电脑一样简单。云桌面能对互联网各个层次的信息进行整合，利用其分布式的特征提升算法的效率，以此来为用户提供最可靠的算法。使用云桌面进行水利信息化建设，可根据水利信息将其分成水资源保护、防汛抗旱和水资源管理等不同的领域，以便进行管理，同时建立对应的数据库。

云技术的使用简化了设备的管理，极大地提升了效率，带来的效益包括：①在管理、设备、电力等方面的成本下降，虚拟化技术的使用，可以大量减少主机的数量，数据的存储安全又稳定，少量的硬件设备就可以解决所有的任务，设备的减少使得电线数量减少，大大降低布线的难度，提高人员的工作效率；②提高系统设备的安全性，虚拟化技术的使用降低了系统故障率，能够保持系统服务持续运行，因为不再将多个业务束缚在单台主机上，保障多个业务独立发展；③虚拟化平台提供了良好的兼容性，在不同环境中应用系统时，不兼容是常有的问题，使用虚拟化平台之后，应用平台将不再局限于本地，极大地提高和保证了灵活性和兼容性。同时可以使用网络来实现系统的自动更新升级。

2.2.4　大数据

大数据指无法在一定时间范围内用常规软件工具进行捕捉、管理和处理的数据集合，是需要新处理模式才能具有更强的决策力、洞察发现力和流程优化能力的海量、高增长率和多样化的信息资产。

大数据技术的战略意义不在于掌握庞大的数据信息，而在于对这些含有意义的数据进行专业化处理。换言之，如果把大数据比作一种产业，那么这种产业实现盈利的关键，在于提高对数据的加工能力，通过加工实现数据的增值。

随着云时代的来临，大数据也吸引了越来越多的关注。大数据通常用来形容一个公司创造的大量非结构化数据和半结构化数据。从技术上看，大数据与云技术的关系就像一枚硬币的正反面一样密不可分。大数据必然无法用单台计算机进行处理，必须采用分布式架构，它的特色在于对海量数据进行分布式数据挖掘，必须依托云技术的分布式处理、分布式数据库和云存储、虚拟化技术。

1. 《促进大数据发展行动纲要》

2015 年 9 月，国务院印发《促进大数据发展行动纲要》（以下简称《纲要》），系统部署了大数据发展工作。《纲要》明确，推动大数据发展和应用，在未来 5～10 年打造精准治理、多方协作的社会治理新模式，建立运行平稳、安全高效的经济运行新机制，构建以人为本、惠及全民的民生服务新体系，开启大众创业、万众创新的创新驱动新格局，培育高端智能、新兴繁荣的产业发展新生态。

《纲要》部署的主要任务包括：①加快政府数据开放共享，推动资源整合，提升治理能力，大力推动政府部门数据共享，稳步推动公共数据资源开放，统筹规划大数据基础设施建设，支持宏观调控科学化，推动政府治理精准化，推进商事服务便捷化，促进安全保障高效化，加快民生服务普惠化；②推动产业创新发展，培育新兴业态，助力经济转型，发展大数据在工业、新兴产业、农业农村等行业领域的应用，推动大数据发展与科研创新有机结合，推进基础研究和核心技术攻关，形成大数据产品体系，完善大数据产业链；③强化安全保障，提高管理水平，促进健康发展，健全大数据安全保障体系，强化安全支撑。

2. 大数据在水利信息化建设中的应用

水利行业作为我国的基础产业，在日常工作中已经积累了大量的数据，包括水位流量关系、水文气象、地形地质、水生态等实测信息。而这些数据的集合便组成了大数据。在河湖方面应用时，通过搜集统计各县市河流的长度、位置，并对每个村的巡河位置、三员联系人、排污口、周边企业进行标注和添加，形成一个庞大的数据集，可构建一个完善的河长信息化体系。实现大数据最大利用的有效途径包括通过建立基础数据服务平台来实现海量分布式异构数据间的共享。各涉水部门数据、行业内数据、工程项目数据等都是数据的获取和传递的组成部分。数据的处理整合可以采用混合式的数据云储存实现将多元化、复杂化的数据细化成条理统一的数据资源。

水利部印发的《关于推进水利大数据发展的指导意见》（以下简称《意见》）指出，要按照国家大数据战略要求，立足水利工作发展需要，达到"健全水利数据资源体系、实现水利数据有序共享开放、深化水利数据开发应用"三大目标，促进新业态发展，支撑水治理体系和治理能力现代化。

《意见》提出夯实水利大数据基础的工作包括：①通过提升获取能力、整合集成资源、建立资源目录、完善更新机制，健全水利数据资源体系；②通过新建水信息基础平台、构建横向水利业务间共享、建立纵向水利部门间交换，实现各级水利部门间信息联通；③通过编制水利信息资源目录、有序提供共享服务，推进部门间数据共享；④通过编制水利数据开放清单、制定水利数据开放标准、建设水利数据开放平台、汇聚水利相关社会数据、引导水利大数据开发利用，促进水利大数据的开放与应用。

《意见》明确了实施水资源精细管理与评估、增强水环境监测监管能力、推进水生态管理信息服务、加强水旱灾害监测预测预警、支撑河长制任务落实、开展智慧流域试点示范应用等 6 大重点任务。

2.2.5 人工智能

人工智能（Artificial Intelligence，AI）是研究、开发用于模拟、延伸和扩展人类智能的理论、方法、技术及应用系统的一门新的技术科学，是计算机科学的一个分支。它企图了解人类智能的实质，并生产出一种新的能以人类智能相似的方式做出反应的智能机器，该领域的研究包括机器人、语言识别、图像识别、自然语言处理和专家系统等。随着人工智能的发展，它将涉及除计算机科学之外的心理学、哲学和语言学等自然科学和社会科学的几乎所有学科，其范围已远远超出了计算机科学的范畴。

人工智能通过使计算机来模拟人的某些思维过程和智能行为（如学习、推理、思考、规划等），其主要包括计算机实现智能的原理、制造类似于人脑智能的计算机，使计算机能实现更高层次的应用。人工智能与思维科学是实践和理论的关系，人工智能处于思维科学的技术应用层次，是思维科学的一个应用分支。从思维观点看，人工智能不仅限于逻辑思维，还要考虑形象思维、灵感思维才能促进人工智能的突破性发展。数学常被认为是多种学科的基础科学，不仅在标准逻辑、模糊数学等范围发挥作用，也进入语言、思维领域，人工智能学科也必须借用数学工具。数学进入人工智能学科，它们将互相促进而更快地发展。

1. 人工智能关键技术

人工智能的关键技术是机器学习，机器学习的数学基础是统计学、信息论和控制论，还包括其他非数学学科。机器学习对经验的依赖性很强，计算机需要不断地从解决一类问题的经验中获取知识、学习策略，在遇到类似的问题时，运用经验知识解决问题并积累新的经验，这样的学习方式称之为"连续型学习"。但人类除了会从经验中学习，还会创造，即"跳跃型学习"。这在某些情形下被称为"灵感"或"顿悟"。一直以来，计算机最难学会的就是"顿悟"。或者再严格一些来说，计算机在学习和"实践"方面难以学会"不依赖于量变的质变"，很难从一种"质"直接到另一种"质"，或者从一个"概念"直接到另一个"概念"。正因为如此，这里的"实践"并非普通意义的实践。人类的实践过程同时包括经验和创造。

2. 人工智能在水利信息化建设中的应用

（1）水位检测。水位检测可通过视频图像对河流、湖泊的水位进行检测。此方法需事先确定水位指示器的位置，并对其进行一个数字的分割，通过检测水线上视频的位置，与数字分割线检测结果进行对比，可以获取水位。这种方法基本不受摄像机角度、水位数据上传和后端平台等因素的影响。

（2）漂浮物堆积监测。漂浮物堆积监测软件能够实时监测控制区域，一旦监测到漂浮物，算法会对漂浮物进行检测判断。这时，预先设定的方案会发出警报声音，同时捕获目标并上传数据，方便管理人员判断。漂浮物堆积监测可以实现对水库和河面漂浮物的智能监测，能够自动对监控的场景进行分析，并且很快地做出响应。

（3）闸门启闭监测。通过闸门实时状态监控对闸门启闭进行监测，同时收集数据溢出曲线自动计算溢流量，并将数据上传，平台根据闸门状态和溢流量自动判断闸门的操作。

（4）在水利管理系统中的应用。控制环节是水利管理系统中的核心，通过有效的控制工作，可以增强水利工程的灵活性、针对性及便捷性，可以使水利工程管理的技术水平和效率有很大的进步。因此，不断优化升级控制环节是水利工程管理中的一项重要工作。在这一方面，人工智能的应用发挥出了十分重要的作用和价值。数据和信息的采集以及处理是控制环节的前提，在这个基础上，需要以特定的形式对数据进行存储，并最终对特定的数据进行提取和应用。通过在控制环节中应用人工智能，将对数据处理效率有全方位的提升作用。同时，为了使管理人员的操作更加便捷，人工智能提供了人机交互界面，使控制界面设置十分易操作。为了有效应对水利工程管理中的突发情况，可增加监控和警报的模块，以实现对水利工程运行情况的实时监控，确保出现问题时能够及时发现、识别及解决。

（5）遗传算法在水利工程管理中的应用。从水利工程管理的实际需要出发，遗传算法是解决水利工程数值模型优化问题的主要途径，能够快速地发现和处理潜在的问题。为了充分发挥遗传算法在水利工程管理中的作用，有必要将遗传算法与地理信息系统（GIS）相结合。借助 GIS 的空间属性，可提高遗传算法在空间数据管理、显示、分类等方面的有效性，实现水利工程运行状态的实时监控。将遗传算法与人工神经网络的预测和监督结果进行比较，可以方便地发现各种问题，为水利的发展缔造了一定的条件。

第 3 章

河（湖）长制信息化建设要求

3.1 水利部河（湖）长制信息化建设要求

2018 年 1 月 12 日，水利部印发了《河长制湖长制管理信息系统建设指导意见》和《河长制湖长制管理信息系统建设技术指南》，明确提出河（湖）长制管理信息系统建设的总体要求、主要目标、主要任务和保障措施，从技术层面强调信息资源整合共享、业务协同，并提出河（湖）长制管理信息系统总体架构，重点对河（湖）长制管理数据库建设技术要求、主要河（湖）长制管理业务范围、相关业务协同工作和信息安全等建设内容进行了明确。

水利部出台河（湖）长制管理信息系统相关技术规范，主要包括河流（段）编码规则、河（湖）长制管理数据库表结构与标识符、河（湖）长制管理信息系统数据访问与服务共享技术规定、河（湖）长制管理信息系统用户权限管理办法、河（湖）长制管理信息系统运行维护管理办法等，各地参照执行并根据需要制定细则或补充规定。

3.1.1 主要目标

在充分利用现有水利信息化资源的基础上，根据系统建设实际需要，完善软硬件环境，整合共享相关业务信息系统成果，建设河（湖）长制管理数据库，开发相关业务应用功能，实现对河（湖）长制基础信息、动态信息的有效管理，支持各级河（湖）长履职尽责，为全面科学推行河（湖）长制提供管理决策支撑。

（1）系统应实现省、市、县、乡四级河（湖）长对行政区域内所有江河湖

泊的管理，并可支持村级河（湖）长开展相关工作，做到管理范围全覆盖。

（2）系统可满足各级河长办工作人员对信息的报送、审核、查看、反馈全过程，以及各级河（湖）长和巡河员对涉河湖事件从发现到处置全过程的管理需要，做到工作过程全覆盖。

（3）系统应实现对河湖名录、"四个到位"要求、基础工作、河（湖）长工作支撑、社会监督、河湖管护成效等所有基础和动态信息的管理，做到业务信息全覆盖。

3.1.2　主要任务

河（湖）长制管理业务应用至少应包括信息管理、信息服务、巡河管理、事件处理、抽查督导、考核评估、展示发布和移动平台等 8 个方面。

水利部组织建设信息管理、信息服务、抽查督导、展示发布等业务应用，主要服务于水利部河（湖）长制管理工作，支持地方各级河（湖）长制管理工作；事件处理、巡河管理、考核评估、移动平台等业务应用主要由地方建设，相关结果信息汇总至水利部。

1. 信息管理

支持各级河长办对河（湖）长制基础信息和动态信息的报送及管理，主要包括河湖名录、河长、湖长、河长办、工作方案和制度、一河一档、一河一策、巡河管理、事件处置、督导检查、考核评估、项目跟踪、社会监督、河湖管护成效等信息，以及其他业务应用系统有关信息。

2. 信息服务

构建河（湖）长制信息服务体系，整合水资源管理、防汛抗旱指挥、水政执法、工程调度运行、水土保持、水事热线等水利业务应用，共享环境保护等相关部门数据，积极利用卫星遥感等监测信息，为各地河（湖）长管理工作提供信息服务。

3. 巡河管理

支持各级河（湖）长和巡河员对巡查河湖过程进行管理，主要包括水体、岸线、排污口、涉水活动、水工建筑物等巡查内容，以及巡查时间、轨迹、日志、照片、视频、发现问题等巡查记录。

4. 事件处理

支持对通过巡查河湖、遥感监测、社会监督、相关系统推送等方式发现

（接受）的涉河湖事件进行立案、派遣、处置、反馈、结案以及全过程的跟踪与督办。

5. 抽查督导

支持水利部和各级河（湖）长按照"双随机、一公开"原则开展督导工作，包括督导样本抽取、督导信息管理、督导信息汇总统计等。

6. 考核评估

支持县级及以上河（湖）长依据考核指标体系对相应河湖下一级河（湖）长进行考核，对其在水资源保护、水域岸线管理保护、水污染防治、水环境治理、水生态修复和执法监管等方面的工作及其成果进行考核评估，并将考核评估结果汇总至上级，服务于上级的管理工作。

7. 展示发布

支持各级河长办对河（湖）长制基础信息和动态信息的查询和展示，采用表格、图形、地图和多媒体等多种方式展示，同时向社会公众发布工作进展和成效等信息，开展工作宣传，便于社会监督。

8. 移动平台

支持各级河（湖）长在移动终端上进行相关信息查询、业务处理等；为各级河（湖）长和巡河员巡查河湖提供工具；通过 APP 和微信公众号等方式为社会监督提供途径。

3.1.3 总体架构

1. 基本组成

河（湖）长制管理信息系统主要由基础设施、数据资源、应用支撑服务、业务应用、业务应用门户、技术规范和安全体系等构成，其逻辑关系如图 3-1 所示。

（1）基础设施是支撑河（湖）长制管理信息系统运行的主要软硬件环境。

（2）数据资源是河（湖）长制管理数据库，用来存储河（湖）长制相关的基础信息、动态信息以及其他业务应用系统共享的相关信息。

（3）应用支撑服务是河（湖）长制管理业务应用乃至其他相关业务应用共用的通用工具和通用服务，供开发河（湖）长制管理业务应用的调用。

（4）业务应用是河（湖）长制管理信息系统的主要内容，支撑河（湖）长

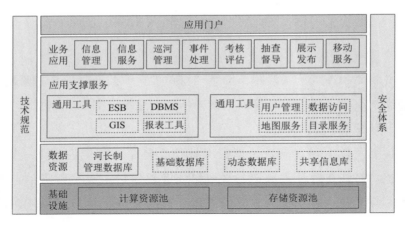

图 3-1　河（湖）长制管理信息系统逻辑结构示意图

制主要业务工作开展，主要包括信息管理、信息服务、巡河管理、事件处理、抽查督导、考核评估、展示发布和移动服务等。

（5）业务应用门户是包括河（湖）长制管理业务应用在内的所有业务应用门户，对于已经建立业务应用门户的单位只要将河（湖）长制管理业务应用纳入其中，不应另行建立河（湖）长制管理业务应用门户，对于还没有建立业务应用门户的单位应按照规定构建统一的业务应用门户，也可服务于其他业务应用。

（6）技术规范主要包括河流（段）编码规则、河（湖）长制管理数据库表结构与标识符、河（湖）长制管理信息系统数据访问与服务共享技术规定、河（湖）长制管理信息系统用户权限管理办法、河（湖）长制管理信息系统运行维护管理办法等内容。

（7）安全体系主要包括物理安全、网络安全、主机安全、应用安全、数据安全和安全管理制度等内容。

2. 基础设施

各地河（湖）长制管理信息系统基础设施要根据各地实际情况建立，主要模式如下：

（1）利用现有计算资源池和存储资源池为该系统分配必要的计算资源和存储资源。

（2）充分利用现有基础设施资源，并作适当补充，实现计算资源动态调整和存储资源的按需分配。

（3）利用公有云租用计算资源和存储资源。

（4）建立相对独立的计算与存储环境。

3. 数据资源

有效利用现有数据资源，构建数据资源体系，与已建水利信息系统实现信息资源共享，为相关业务协同打下数据基础，主要要求如下：

（1）按照各地河流、湖泊、河长、湖长、河长办、工作方案、工作制度以及"一河一档、一河一策"要求，建设河（湖）长制基础数据库。

（2）按照巡河管理、事件处置、抽查督导、考核评估等河（湖）长制管理要求，建设河（湖）长制动态数据库。

4. 应用支撑服务

面向服务体系架构（SOA），应用支撑服务主要提供通用工具和通用服务两类支撑服务，主要内容如下：

（1）通用工具主要有企业服务总线（ESB）、数据库管理系统（DBMS）、地理信息系统（GIS）、报表工具等。

（2）通用服务主要有统一用户管理、统一地图服务、统一目录服务、统一数据访问等。

5. 业务应用

河（湖）长制管理业务应用至少应支撑信息管理、信息服务、巡河管理、事件处理、抽查督导、考核评估、展示发布、移动服务等业务，需要其他相关业务应用信息的，应通过业务协同实现信息共享。

6. 业务应用门户

业务应用门户利用现有门户或构建新的应用门户，至少应实现单点登录、内容聚合、个性化定制等功能，并实现河（湖）长制管理业务工作待办提醒。

3.2　部分省份信息化建设要求

3.2.1　浙江省河（湖）长制管理信息化建设导则

2017 年浙江省"五水共治"工作领导小组办公室、浙江省河长办印发《浙江省河长制管理信息化建设导则（试行)》，以规范和指导全省河（湖）长制信息化建设工作。

3.2.1.1　平台架构

1. 建设目标

河长制管理平台应覆盖所辖区内的所有河道、湖泊、水库、小微水体等，以河长管理、水质达标、问题处理、重点项目推进为核心，围绕剿灭劣 V 类水体、水污染防治、水环境防治、水资源保护、河湖水域岸线管理保护、水生态修复、执法监管等重点工作，通过信息采集、传输、存储和共享，实时掌握水域基本情况、河长履职情况、重点项目进展等动态信息，实现在线考核、评优等建设目标。

2. 平台建设

河长制管理平台分为省（流域）、市两级建设，省、市平台通过数据交换体系进行对接，确保基础数据"一数一源"、业务数据互联互通。

根据用户及功能，平台由河长制管理系统、河长 APP 和公众平台等 3 个部分组成。

省河长办负责省级河长制管理平台（以下简称"省平台"）的建设，包括省级河长制管理系统、河长 APP（用户为省级总河长、河长、河长办、联系部门、业务部门、督导员）、省级河长微信公众号。

市河长办负责市级河长制管理平台（以下简称"市平台"）建设，包括市级河长制管理系统、河长 APP（用户为市及市以下总河长、河长、河长办、警长、联系部门、业务部门）、市县公众微信号或公众 APP。

3.2.1.2　功能模块

1. 省、市河长制管理系统

河长制管理系统是基于 WEB 的工作监管平台，应包括地图浏览、数据统计分析、计划进度上报、分级考核、问题督办处理、通知公告、信息发布及用户管理等功能。使用对象为总河长、各级河长办、河长、联系单位、业务部门等。

2. 河长 APP

河长 APP 是基于移动端的河长工作平台，应根据职责权限设置不同的功能模块。

（1）省级河长、河长办功能模块。重点关注全区域的河长履职情况、水质达标情况、重点项目进展情况、公众投诉处理情况等，应包括地图数据浏览查询、数据统计分析、电子导航、任务处理、巡河查询、工作督导、通知公告等功能。

（2）省级督导员功能模块。重点关注劣Ⅴ类水体的销号情况。

（3）市、县级总河长、河长办功能模块。重点关注全区域的河长履职情况、水质达标情况、重点项目进展情况、公众投诉处理情况等，应包括地图数据浏览查询、数据统计分析、电子导航、任务处理、巡河查询、工作督导、通知公告等功能。

（4）市、县级河长功能模块。重点关注河长自身的巡河任务、下级河长履职情况、所辖河道的重点项目进展情况、"一河一策"制定情况等，应包括河道信息交底、巡河任务、任务处理、下级河长督导、重点项目督导、公众投诉处理等功能。

（5）乡镇、村级河长功能模块。应以巡查、解决公众投诉为主要功能，力求功能简要、操作便利。

（6）剿灭劣Ⅴ类水体责任河长功能模块。重点关注河长责任水体的任务完成情况。

（7）其他辅助功能模块。各地可根据实际需求，增加警长、巡查员、保洁员、民间河长等使用的功能模块。

3. 公众平台

应具备公众投诉建议、新闻公告推送、政务信息查询等功能，各地可采用APP或微信公众号等方式建设。

3.2.1.3　用户体系

用户体系包括河长用户、河长办用户、河长辅助体系用户、公众用户等。

（1）河长用户包括省（流域）、市、县、乡镇、村五级河长以及剿灭劣Ⅴ类水体责任河长、小微水体河长等。

（2）河长办用户包括省、市、县三级，乡镇可根据工作情况设立河长办。

（3）河长辅助体系用户包括督导员、协助河长日常工作的联系部门、负责河道问题处理及推进重点项目的业务部门、河道治理任务重的水域配备的警长以及保洁员、巡查员等。

（4）公众用户包括民间河长、企业河长、志愿者等。

3.2.1.4　数据采集

1. 基础数据采集

（1）工作底图。工作底图统一采用天地图公众版，水域及河长相关基础数据图层由市平台统一审核、管理及上报，省平台负责更新、发布服务。

（2）行政区域。行政区域采用国家统一的编码规则，数据包括行政区划基本数据、空间数据等，由市平台负责采集、上报，省平台负责更新、发布服务。

（3）水域数据。各地应根据河长制管理需求，确定水域分级名录，数据包括水域基本信息、空间数据等，由市平台负责上报，省平台负责更新、发布服务。水域编码采用统一的编码体系。

省平台提供水域空间数据的地图标绘功能，各级河长办组织标绘、审核及上报。市平台已有的水域空间数据批量上报至省平台。

（4）河长数据。河长数据应通过系统接口实时上报省平台。河长人事变动后，同级河长办应在 7 个工作日内完成河长信息的审核及更新工作。

（5）其他基础数据。其他基础数据包括河长公示牌、水功能区、污染源、排污口、取水口、污水处理设施等。各级平台应充分利用已有的业务系统获取相关数据，缺少部分由市平台负责采集上报，省平台负责更新、发布服务。其他涉水基础数据如岸线利用信息、全景图等，各级平台可根据实际情况逐步补充完善。

2. 动态监测数据

（1）河道水质数据。市平台应充分利用既有的自动监测网络获取实时数据，未建自动监测站的河道水质数据由人工录入。其中人工监测数据由市平台通过接口组织上报；自动监测数据由省平台调用省环保厅系统相关数据，并通过接口提供市平台展示和应用。

（2）水文数据。各级平台通过调用已有的水文系统相关数据，在平台中进行展示和应用。

（3）水域变化数据。省水利厅建设的全省水域动态监测系统，可用以监管全省水域的变化情况，省平台可调用该系统相关数据，并通过接口提供市平台展示和应用。

（4）视频数据。省水利厅的全省水利工程标准化视频监控系统，可用以网

上实时监控水域情况，省平台可调用该系统的视频数据。各地应将已应用于河长制管理的视频监控数据接入省平台，并在对河长制管理具有关键性作用的水域新建视频采集监视点。

3. 业务数据采集

（1）河长巡河数据。河长巡河数据包括河长巡河时间、轨迹、日志、照片或视频、问题处理过程等数据，通过河长 APP 实现采集。市平台将验证有效的巡查数据通过接口上报省平台。

1）乡镇及村级河长巡查内容。

a. 水体水岸：漂浮垃圾、废弃物、病死动物，河底淤积，障碍物，水体气味或颜色异常。

b. 排污（水）口：入河排污（水）口，排出水体颜色异常、异味，排污（水）口标示缺失。

c. 涉水活动：侵占水域，倾倒渣土、固废垃圾，河道采砂，电鱼、毒鱼。

d. 水工建筑物：堤坝、水闸等设施杂乱、损毁、开裂。

e. 其他：河长公示牌、宣传牌、里程碑、界桩等标识标牌破损、缺失、更新。

市平台应根据上述巡河内容进行系统改造。

2）巡查记录。各级河长应做好巡查记录，除记录规定巡查内容外，市平台可开发语音、视频等其他记录功能。

3）巡查有效性指标。市平台应根据下列指标自动判断河长巡查的有效性，并可针对山区、海岛等特殊区域制定个性化指标。

a. 巡查周期：按规定周期。

b. 巡查记录：记录完整，并要求在现场采用 APP 拍照以记录坐标位置。

c. 巡查距离：乡级河长每月、村级河长每周的巡查轨迹覆盖包干河道全程。

d. 巡查时长：为有效范围内巡查 5min 以上（巡查有效范围为河道边线向外扩展 200m 以内）。

（2）重点项目管理过程数据。重点项目包括水污染防治、水环境治理、水资源保护、河长水域岸线管理保护、水生态修复、执法监管等 6 大类，以及如剿灭劣 V 类水体等全省统一部署的治水重点项目。采集内容包括项目基本信息、实施计划、信息查询、进度上报、统计分析及进度督办等项目管理过程数据，由各级河长办组织相关单位在平台中进行录入，市平台应通过接口实时上报省平台。

（3）问题处理数据。问题处理数据包括公众投诉问题处理、河长（联系部门）巡查问题处理、各级河长办督导问题处理、各级业务部门检查发现问题处理、督导员发现问题处理等 5 类。市平台应通过接口将问题处理数据实时上报省平台。

（4）任务督导数据。任务督导数据包括通知公告、任务信息实时下发与接收、河长巡查发现问题处理情况的督导、河长对重点项目进展情况的督导、公众投诉问题处理的督导等。任务督导数据通过 PC 端和移动端采集、推送。

（5）统计分析数据。各级平台应实时统计水质指标、巡查情况、问题处理、项目进度、考核排名、系统使用率等指标，并能按行政区和流域两种模式分别展示。

3.2.2　四川省河（湖）长制信息化建设指导意见

四川省河长办印发《四川省河长制湖长制管理信息系统建设指导意见》和《四川省河长制湖长制管理信息系统建设技术指南》，要求分两期建设，一期为能力建设，二期为全面完善期。

一期形成信息填报、移动 APP 巡河、河长制工作底图等信息化技术能力。

二期全省各地市、自治州均形成完整的河（湖）长制管理信息系统应用，与省级河（湖）长制信息平台形成全面对接，基本形成全省河（湖）长制信息化业务管理。到 2019 年 12 月底，全省河（湖）长制信息化工作全面上线，形成纵向国家、省、市、县各级联动、横向各厅局办数据集成的河（湖）长制信息化管理体系。到 2020 年，全省全面完成河（湖）长制信息化建设工作，依托信息系统，开展《四川省全面落实河长制工作方案》制定的实施目标考核评估工作。

3.2.3　广东省河（湖）长制信息化建设政策要求

2017 年 1 月，广东省水利厅发文《关于进一步完善我省全面推行河长制河湖名录及开展电子标绘工作的通知》，对各地市完善河湖名录、开展名录的电子

标绘及时间进度、成果提交形式提出了明确要求，并对市、县河湖名录电子标绘提供了技术指引。此举措要求全省各地各部门协同推进河湖编制和电子标绘工作，走在全国前列。以 LocaSpaceViewer 加载的天地图作为电子标绘底图，结合省水利专网的政务版底图，开展电子标绘工作。

第 4 章

河（湖）长制信息化管理平台

4.1 国家河（湖）长制管理信息系统

水利部开发了国家河（湖）长制管理信息系统，支持逐级信息报送和管理，并于 2017 年 7—8 月在 4 个省开展了应用试点，结合反馈意见和建议对系统进行修改完善。通过开展对部分重点地区的河湖进行遥感监测，实现疑似河湖及岸线的违法占用监测、水生态和水环境变化及时发现等功能，并将监测结果自动推送相关地区。2018 年 1 月，上线河湖信息填报模块，各省完善河湖及河长名录。2018 年 3 月，针对国家河（湖）长制管理信息系统进行信息化数据填报、系统应用等相关培训。同时，提供了最基础的行政区划和河湖矢量数据，以及河湖分段分片、河（湖）长名录、体制机制等基本信息。

4.1.1 业务应用

目前国家河（湖）长制管理信息系统已完成工作进展填报、河湖信息填报、河长信息统计、工作进展统计、河长巡河功能模块，各地已经填报完成河湖名录、河长名录及体制机制建设情况。

1. 工作进展填报审核

工作进展填报提供了省、市、县级河（湖）长制组织体系、河长办和工作制度进展情况填报及统计。填报项目包括工作方案编制情况、总河长设立情况、河长制工作机构设立情况、主要制度建设和执行情况。各级填报用户都需要向上一级的用户提交河长制工作进展填报，上级审核用户主要对进展报告进行浏览审核等。工作进展填报界面如图 4-1 所示。

图 4-1　工作进展填报界面

（1）工作方案编制情况填报。河长制工作方案编制情况填报主要包括本旬进度、印发文件名称、印发文件时间、印发文件机关、印发文件文号等共 10 项内容，填报界面如图 4-2 所示。

图 4-2　工作方案编制情况填报界面

（2）总河长设立情况填报。总河长设立情况填报主要是在本界面实现对于河长增加、删除、修改等操作，提供了"添加""删除"两个按钮，填报界面如图 4-3 所示。

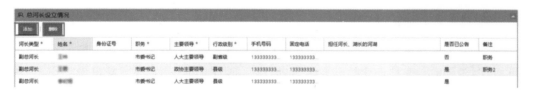

图 4-3　总河长设立情况填报界面

（3）河长制工作机构设立情况。河长制工作机构设立情况包括河长办、成立专门机构、依托现有单位、临时抽调人员集中办公、办公室主任设立情况五个内容，其中河长办设立情况填报界面如图 4-4 所示。

图 4-4　河长办设立情况填报界面

（4）主要制度建设和执行情况填报。主要制度建设和执行情况填报中的主要制度包括河长会议制度、信息报送制度、工作督查制度、考核问责制度、激励制度、验收制度、信息共享制度、河长巡河制度、联席会议制度和其他制度等共 10 项内容，填报界面如图 4-5 所示。

制度名称	是否出台 *	计划出台成...	本旬进展	下旬计划	制度执行情况	已印发文件			操作
						发文名称	发文机关	发文文号	
河长会议制度	是		已印发			湖北省推进河湖长制			
信息报送制度									
工作督查制度									
考核问责制度									
激励制度									
验收制度									
信息共享制度									
河长巡河制度									
联席会议制度									
其他制度									

图 4-5　主要制度建设和执行情况填报界面

（5）工作进展审核。各级审核用户可以查看下一级单位提交的河长制工作进展填报情况、最新工作进展情况信息和浏览下一级单位用户提交的文件，但不能进行编辑操作。

2．河湖信息填报审核

（1）河湖名录查询浏览。提供区域河湖名录查询浏览功能，上级可以浏览下级河段情况。查看选定河段的空间信息、属性信息、河长信息以及与其相关的下级管理河段的基础信息和管理信息等，如图 4-6 所示。

（2）河湖、河长编辑。基于一张图填报/编辑已有河湖信息、河长信息，修正、确认河流/河段起始点，相应河段河长，以及河流基本信息，如图 4-7 所示。

（3）河湖信息审核。上级审核下级填报的河湖信息。

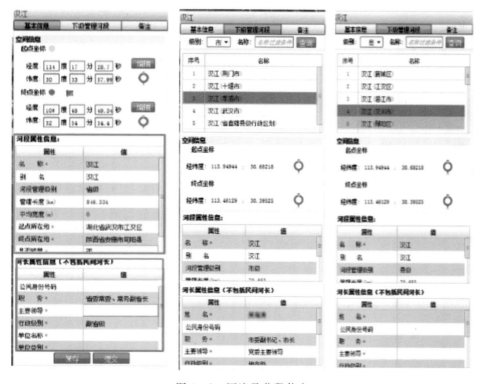

图 4-6 河流及分段信息

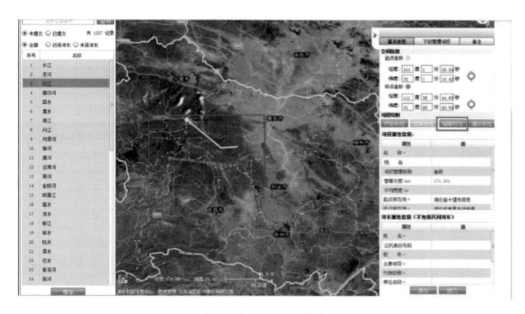

图 4-7 地图标绘编辑

3. 河长信息统计

提供河流河长信息统计。

4. 工作进展统计

能够根据国家统计报表统计河长制工作进展情况,包括组织体系、工作制度等的建立情况。

5. 河长巡河

为各级河长提供责任河段的巡河记录,只能编辑当次巡河记录。河长巡河编辑和保存界面如图 4-8 和图 4-9 所示。

图 4-8　河长巡河编辑界面

图 4-9　河长巡河保存界面

4.1.2　数据资源

水利部在数据资源方面,提供了行政区划和河湖分段分片数据。通过利用水利普查成果和最新行政区划名录数据,结合水利一张图提供的高分辨率遥感影像数据成果,加工处理了全国到乡镇一级的行政区划空间数据,并据此开展

了流域面积 50km² 以上河流和水面面积 1km² 以上湖泊的分段处理，这两项成果将在上报系统中进行应用。

4.2 省级河（湖）长制信息管理系统

各省河（湖）长制综合管理信息平台在全面落实国家和地方河（湖）长制相关政策基础上，遵循水利部河（湖）长制管理系统要求，秉承与上下级河（湖）长制信息管理平台互联互通的宗旨，坚持问题和目标为导向，为各级河（湖）长、河长办、成员单位和社会公众四类用户提供差异化信息服务，满足各级河（湖）长整体把控、河长办具体执行、成员单位行业监管以及社会公众参与河湖管护的需求。

许多省份充分利用"互联网＋"、移动互联网等新技术，建设了集电脑端、手机端和微信端于一体的河（湖）长制综合管理平台，如图 4-10 所示。

图 4-10　河（湖）长制综合管理平台组成

本节以浙江、宁夏、内蒙古等省（自治区）为例介绍河（湖）长制信息化管理系统概况。

4.2.1 浙江省河（湖）长制管理工作平台

4.2.1.1 系统架构

平台分为采集层、数据层、服务层、业务层和用户层，如图 4-11 所示。

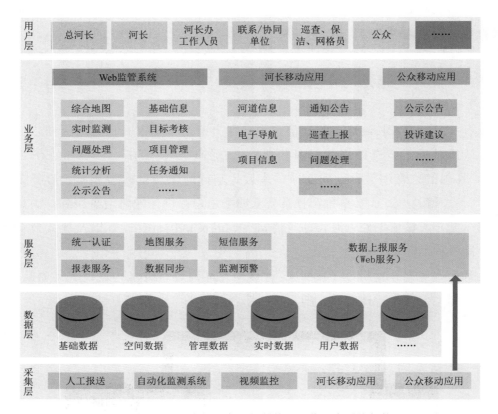

图 4-11 浙江省河（湖）长制管理工作平台系统架构

4.2.1.2 系统功能

Web 监管系统功能模块如图 4-12 所示。

1. 工作总览

例如，某省的河长制监督管理平台界面如图 4-13 所示。

（1）展示全省河长制工作概况。实现重点任务一体化呈现、关键信息多角度展示、主要工作多接口进入、基础数据全方位覆盖。

（2）平台主要包括全省水质达标情况、河长履职情况（包括河长数量、巡查率、巡查问题投诉、问题处理率）、重点项目完成率、全省各市考核综合排名。

（3）系统可以根据不同区域和不同工作类型自动生成工作简报，进行整体展示和导出，方便河长与河长办快速掌握河长制主要工作情况。

（4）对于需要办理的任务进行提示。

综合地图	基础信息	实时监测	目标考核	问题处理
为各级管理者提供各类基础信息、实时监测信息查询展示功能，根据管理工作需求，定制生成各类专题图表，形成治理任务的"作战"底图，便于各级"河长"快速、全面掌握河道治理数据，为"河长制"管理工作提供支撑，辅助管理决策	各类基础信息的查询展示，具体包括河流、水利工程、水功能区、污染源、污水处理设施、取水口、排污口、监测断面、岸线规划、河道划界、全景图等	河长管理所需监测的各类实时信息，具体包括水位、水质、视频等信息。除以常规列表、表格方式展示外，还将提供曲线图、柱状图等统计图表现方式，便于管理人员对各类实时数据进行对比分析	提供对河道水质情况、巡查情况、问题处理情况、重点项目开展情况的分类考核，上级河长能够对其管理范围内的下级河长进行审核、抽查并考核，落实河长管理监测管理与考核任务	"问题处理流程"实现从问题发现上报、现场处理记录/请求上级协助/协同单位处理、结果确认的流程闭环，每个环节都将在系统中留痕

项目管理	统计分析	任务通知	公示公告
实现河长制重点项目进度管理功能，及与项目进度相关文档资料的上传管理。系统根据填报、上传的进度与文档资料，整理、汇总项目信息，为管理人员提供在线查阅、审核功能	对每条河道、每位河长，都提供专属的统计资料，并将定期分河道实现自动统计汇总。统计结果以表格、统计图方式展现，管理人员能够查询每月、每周、每日各类情况的图表统计信息，并能够对历史信息回溯与详情查看	依据河长管理工作要求，提供目标任务、通知消息、会议协商等相关信息、资料的发送与接收功能，实现河长办公协同，上一级用户（如河长）能够对下一级用户（如下一级河长、河长办工作人员、联系/协同单位）下达任务，下一级用户能够对任务信息进行反馈	实现通知公告、新闻的在线发布。社会公众能够通过对外公开的网址访问公示公告信息，实现信息在线分类查询、浏览

图 4-12 Web 监管系统功能模块

图 4-13 某省河长制监督管理平台界面

2. 河道水质

例如，浙江省河道水质监控的界面如图 4 - 14～图 4 - 16 所示。

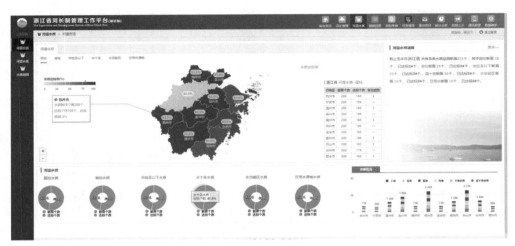

图 4 - 14　河道水质——河道总览界面

图 4 - 15　河道水质——统计数据界面

（1）实现河道水质直观展现，展示全省各市各类水质断面达标情况及水质总体情况。

（2）显示详细断面的具体水质指标。

（3）点图查询水质达标情况、不同时段水质变化情况。

3. 河长管理

例如，浙江省的河长管理界面如图 4 - 17～图 4 - 20 所示。

图 4-16 河道水质——水质地图界面

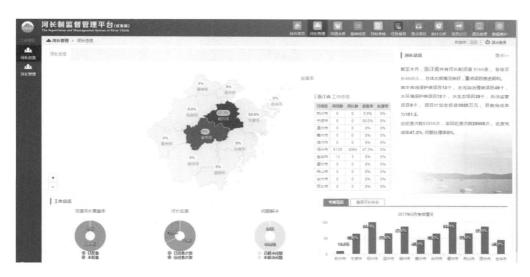

图 4-17 河长管理——河长总览界面

（1）实现河长电子化考核管理，展示全省各市河长总体履职情况。包括河长数量、巡查率、问题处理率等。

（2）逐层点击，可以链接至市级平台，查询巡查轨迹和具体情况等。

（3）可在河长管理中查询河长履职情况的详细信息。点击可查询河长、河道、巡查历史、关系树等详细信息，也可以查询历次巡查轨迹。

（4）实现按巡查时长、巡查长度、巡查率、问题处理率以及综合指标等对河长进行考核和排名。

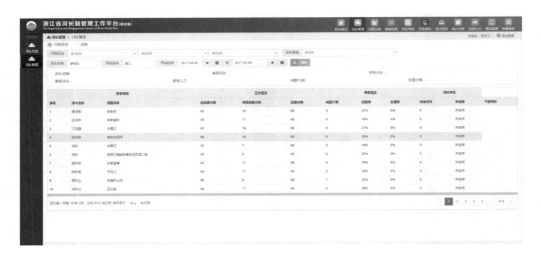

图 4 - 18　河长管理——统计数据界面

图 4 - 19　河长管理——个人巡查记录查看界面

4. 重点项目

例如，浙江省的重点项目界面如图 4 - 21 和图 4 - 22 所示。

（1）展示全省各市剿灭劣 V 类项目及河长制 6 大类项目进展概况。

（2）实现项目计划管理，项目监督跟踪和督办整改。

（3）进入重点项目可以展示具体项目的详细信息。

5. 业务管理

（1）业务管理主要分目标考核、任务督导、统计分析 3 个内容。

图 4-20　河长管理——个人巡查路线轨迹查看界面

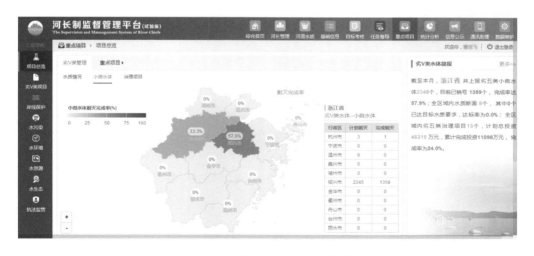

图 4-21　重点项目——项目总览界面

图 4 - 22　重点项目——水污染界面

（2）目标考核模块。结合各省制定的相关考核办法，实现对全省各市治水工作在线打分与考核排名。市级平台负责对所辖市各县的考核。各部门可单独打分。

6. 任务督导

任务督导界面如图 4 - 23 和图 4 - 24 所示。

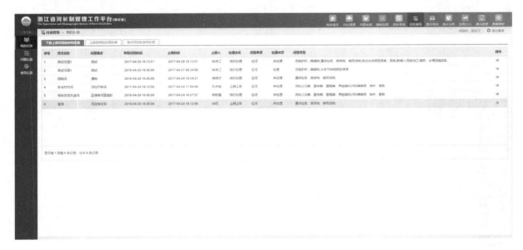

图 4 - 23　任务督导——我的任务界面

（1）受理市级河长上报的各类问题。

（2）实现巡查问题、投诉问题、重点项目进度、水质达标等任务督办。

（3）派发任务督导单，并对任务处理情况进行跟踪。

图 4 - 24　任务督导——督导记录界面

7. 统计分析

统计分析界面如图 4 - 25 所示。

（1）统计分析主要供河长办工作人员使用。

（2）对河长巡河、劣 V 类剿灭情况、问题处理、投诉处理、考核结果、系统使用率进行统计与分析。

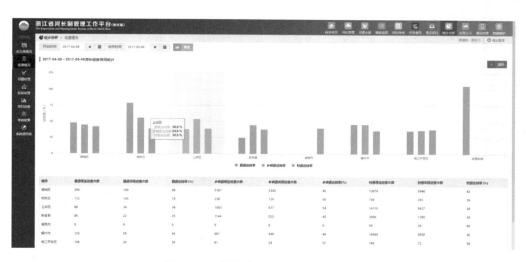

图 4 - 25　统计分析——巡查情况界面

8. 基础信息

基础信息界面如图 4 - 26 和图 4 - 27 所示。

（1）基于"一张图"，对河道的分布、涉水工程、水质、小微水体、排污口等专题信息进行展示，分地图和图表进行展示。

图 4 - 26　基础信息——电子地图

图 4 - 27　基础信息——信息检索

（2）目前地图可查询河段河长分布、涉水工程、水功能区、小微水体分布，其他水质监测、排污口、取水口等信息还需要省级有关部门逐步完善。数据完善后，各类数据均可点图查询，如河长，点击图上某条河流即可显示该河流河长信息，并且可以查询河长关系图、"一河一策"、巡查轨迹等；点击列表中的信息也可以直接定位至地图。

（3）列表查询，可以查询河道、河长、断面、水功能区等信息，主要为数据库数据的详细展示。

4.2.2 宁夏河（湖）长制综合管理信息平台

宁夏河（湖）长制综合管理信息平台作为全国率先建成的省级河（湖）长制信息管理平台，实现了水利、环保、国土、住建等各相关部门涉河湖数据整合共享和河（湖）长、巡查员电子巡河常态化，有效推进了各级河（湖）长履职。

4.2.2.1 总体架构

平台充分利用自治区和水利、环保等部门现有信息化资源，以问题为导向，以智能化应用为手段，建设 PC 端、移动端和微信端"三端"应用服务，形成河湖治理"统一治水平台、行业部门协同、线上线下结合、全民共同参与"的新格局，真正实现"看得见、叫得应、办得了、用得好"。

宁夏河（湖）长制综合管理信息平台是基于大数据应用总体框架，充分利用现有的基础设施体系，共享平台已有的数据成果开发建设。平台搭建围绕两大工作平台、四大业务支撑系统、信息资源建设、资源整合和平台部署等五大建设内容进行，平台框架如图 4-28 所示。

4.2.2.2 系统功能

1. 功能结构

宁夏河（湖）长制综合管理信息平台主要包括 PC 端、河长通、巡河通和河长公众号，如图 4-29 所示。

宁夏河（湖）长制综合管理信息平台总体功能结构如图 4-30 所示。

2. 河（湖）长制综合管理信息系统（PC 端）

宁夏河（湖）长制综合管理信息平台（PC 端）可对河湖、河长、一河一档、一河一策、河湖监测等信息进行综合查询和展示，可实现上级单位对下级单位、同级责任单位的信息共享与任务协同，为各级河（湖）长、河长办、各厅局提供协同办公的渠道，并为实现水资源管理、水域岸线管理、水污染防治、水生态修复、水环境治理和执法监管等"三管三治"业务的在线调控与管理，提供平台支撑。

（1）工作台。工作台聚焦了用户关注的业务专题，可为用户提供常用应用快捷操作入口，进而方便用户操作，提升用户体验。在"快捷方式配置"窗口，平台列出了所有功能应用入口，用户可以根据日常工作特点灵活选定常用的应用快捷入口，应用图标右上角还列出了当前任务数统计数，如图 4-31 所示。

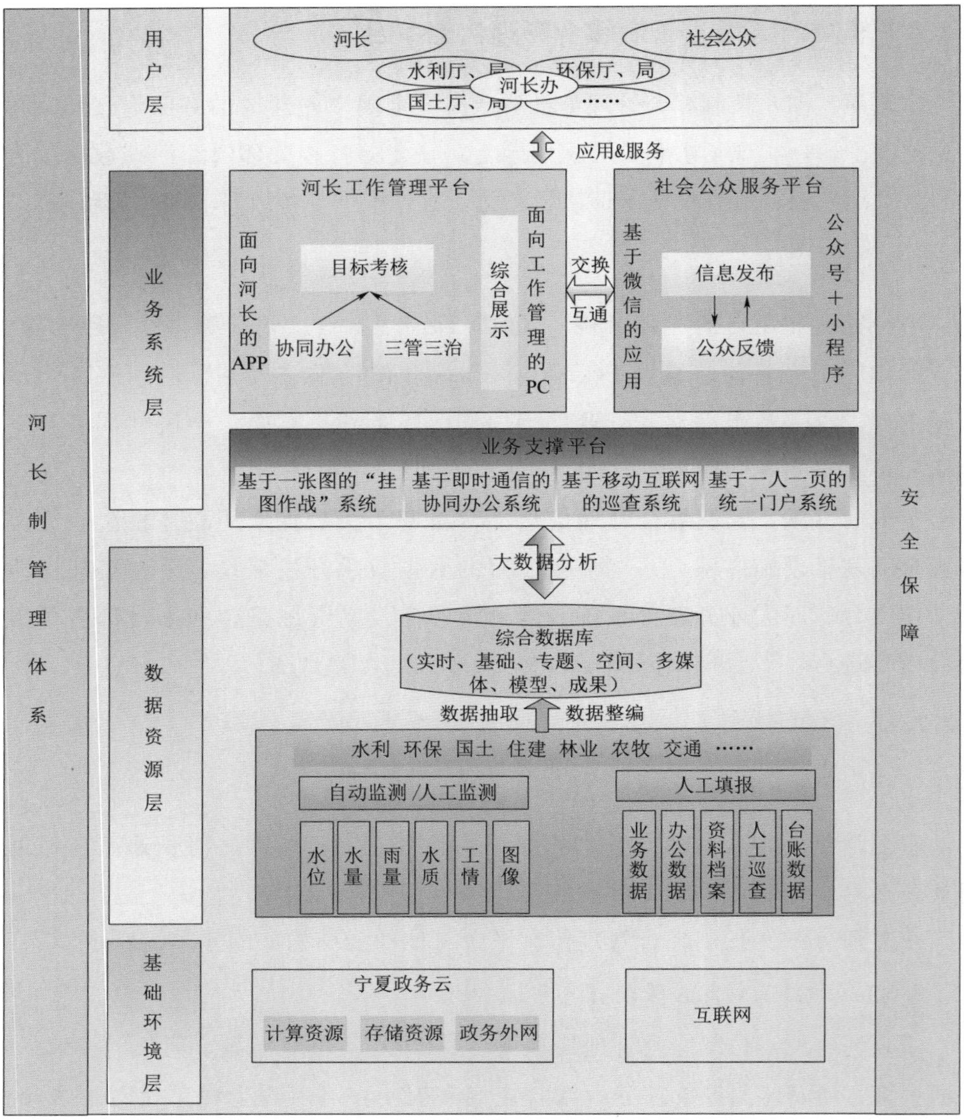

用户层

河长　　　　　社会公众

水利厅、局　　　环保厅、局
河长办
国土厅、局　　　……

应用&服务

业务系统层

河长工作管理平台

面向河长的APP

目标考核

协同办公　　三管三治

综合展示

面向工作管理的PC

交换互通

社会公众服务平台

基于微信的应用

信息发布

公众反馈

公众号＋小程序

业务支撑平台

基于一张图的"挂图作战"系统　基于即时通信的协同办公系统　基于移动互联网的巡查系统　基于一人一页的统一门户系统

大数据分析

综合数据库
（实时、基础、专题、空间、多媒体、模型、成果）

数据抽取　　数据整编

数据资源层

水利　环保　国土　住建　林业　农牧　交通　……

自动监测/人工监测

水位　水量　雨量　水质　工情　图像

人工填报

业务数据　办公数据　资料档案　人工巡查　台账数据

基础环境层

宁夏政务云

计算资源　存储资源　政务外网

互联网

河长制管理体系

安全保障

图 4-28　宁夏河（湖）长制综合管理信息平台框架图

宁夏河长制综合管理信息平台（PC端）	河长通	巡河通	河长公众号
河长办、成员单位	河湖长	巡河湖人员	社会公众
协同办公—部门联动	一机在手—随时关注	移动巡查—动态监管	微信治水—全民监督

图 4-29　宁夏河（湖）长制综合管理信息平台组成

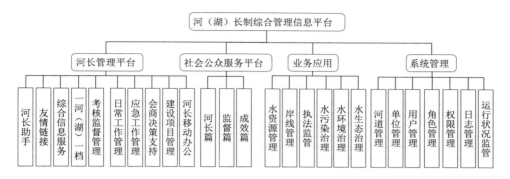

图 4-30　宁夏河（湖）长制综合管理信息平台总体功能结构图

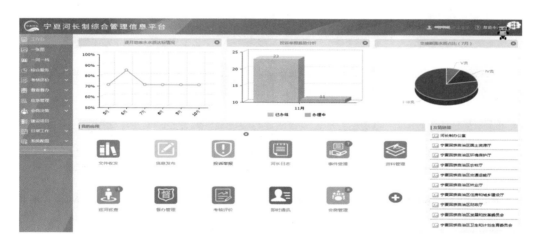

图 4-31　工作台

（2）"一河一档"以书架、书籍的形式，集中展示区内各级河道的基础信息、河长信息、地理信息、建设项目信息、监测信息、投诉举报信息等，如图 4-32 所示。

（3）综合服务以专题图、列表等形式展示了河湖信息、河长信息、工业园区、黑臭水体、污水处理厂、再生水厂的基础信息以及交接断面、重点入黄排水沟、主要水功能区、重点地表水监测断面、水文站、视频站的监测信息，如图 4-33～图 4-36 所示。

（4）一张图综合展示了河湖、涉河部件、监测断面、事件等信息，默认突出显示投诉举报、巡河事件、超标水质监测断面，如图 4-37 和图 4-38 所示。

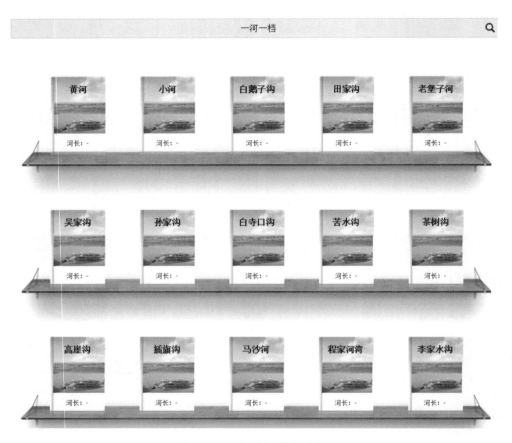

图 4 - 32 "一河一档" 书架

图 4 - 33 河湖信息

图 4-34 工业园区

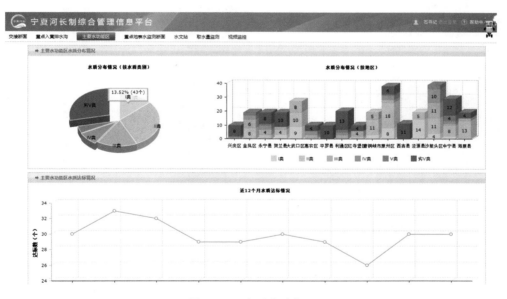

图 4-35 主要水功能区

（5）考核评价。支持年度考核（每年一次）、河长考核（每月一次）。可对考核指标、考核评价流程以及考核结果进行信息化管理，支持考核指标配置与管理、考核表自动生成、考核结果自动计算与排名，相关界面如图 4-39～图 4-42 所示。

图 4-36 水文站

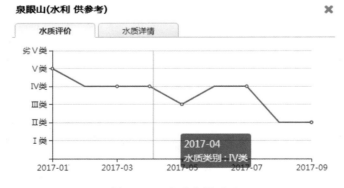

图 4-37 专题元素分布图

图 4-38 水质监测页面

图 4-39　考核方案列表与新建页面

图 4-40　自检自评

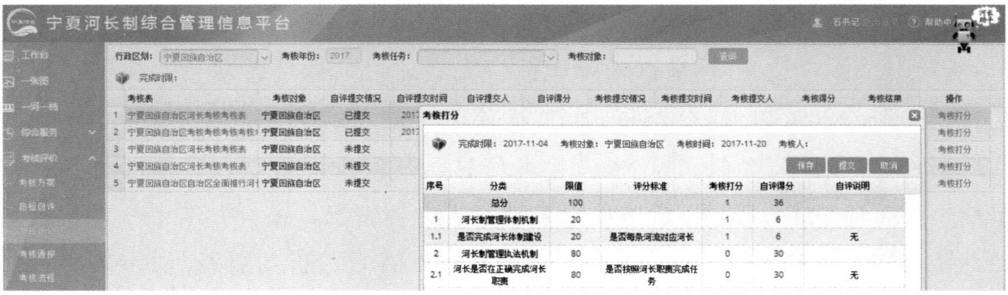

图 4-41　考核评价

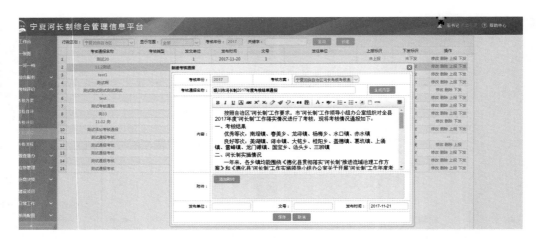

图 4-42 考核通报列表与管理

（6）督察督办。各级河长办管理督查计划、督导报告、一地一单、督查通报等信息，可实现本级查阅及督查计划、一地一单的上下级联动，相关界面如图 4-43～图 4-50 所示。

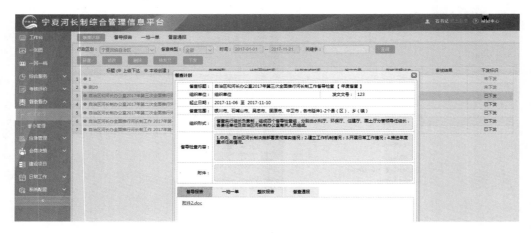

图 4-43 督查计划列表与详情

（7）投诉举报。投诉举报来源于社会公众通过"微信公众号"投诉举报的信息。巡河人员可以通过"巡河通"及时接收投诉信息并核实信息的有效性；基层河长可以通过"河长通"查看投诉信息，办理投诉事项；县级河长办业务审核人员可通过 PC 端"投诉审核"跟踪投诉办理情况，进行办结审核；各级河长办普通浏览人员可以通过 PC 端"投诉查询"查看投诉信息及处理过程信息，相关界面如图 4-51～图 4-53 所示。

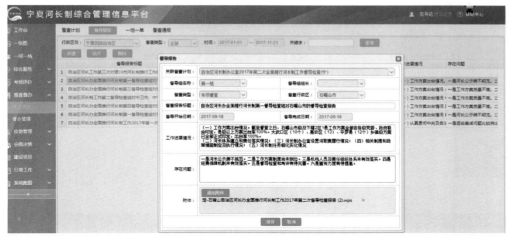

图 4 - 44 督导报告列表与编辑

图 4 - 45 一地一单

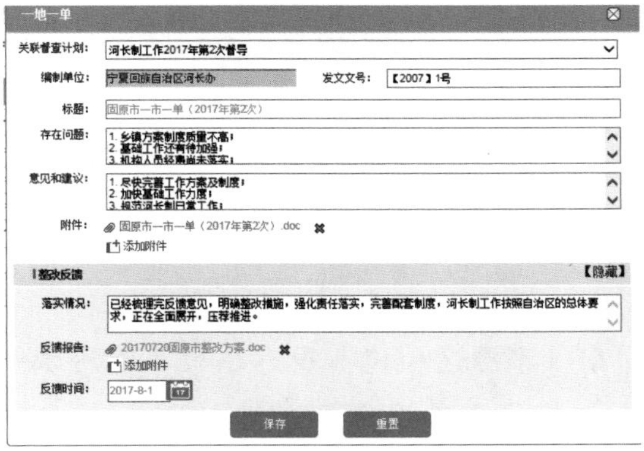

图 4 - 46 一地一单编辑页面

图 4-47　督办列表（办理中）

图 4-48　办结审核　　　　　　　　　　　　　　图 4-49　事件办理

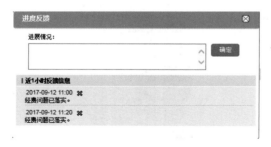

图 4-50　进度反馈

图 4-51　投诉审核列表

（8）事件处理。事件来源途径包括投诉举报、巡河事件、下级单位上报、本级单位新创建。系统提供事件受理、处理、反馈全过程管理，相关界面如图 4-54 和图 4-55 所示。

图 4-52 投诉办理页面

图 4-53 投诉举报办结审核（同意办结/不同意办结）

（9）巡检管理。有权限用户可对基层河长的巡检任务、巡检工单进行管理，并监视巡检工作开展情况，可创建巡检任务、巡检反馈，相关界面如图 4-56～图 4-58 所示。

3. 河长通

"河长通" APP 是根据宁夏河（湖）长制管理工作要求，结合宁夏河（湖）长制组织结构、管理体系以及信息化现状，以"互联网＋河（湖）长制"的思路，综合考虑不同用户、角色、权限及应用场景，充分利用已有的信息化资源，采用物联网、大数据、云计算等先进技术，通过 GIS、可视化、图表等手段，

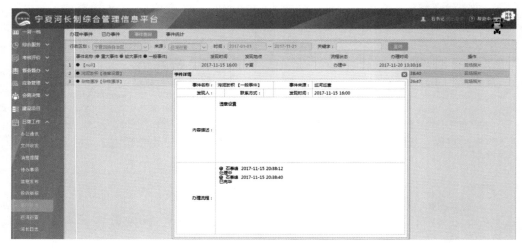

图 4-54　事件办理列表

图 4-55　事件查询与事件详情

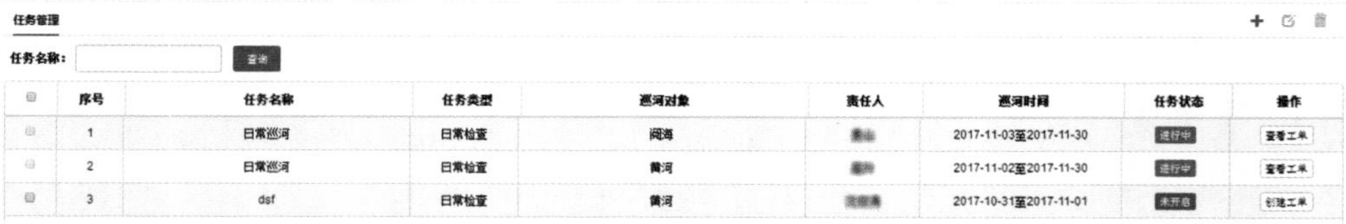

图 4-56　任务管理列表

为河（湖）长、河长办及成员单位定制开发建设的集河（湖）长应用与行业应用于一体的手机移动终端。

图 4 - 57　添加任务

图 4 - 58　巡河工单详情

（1）工作台，根据"河长通"各类用户权限提供个性化显示首页，提供各级领导及业务人员所关注信息的直观、可视化展示，如图 4 - 59 所示，包括基本业务管理、公众投诉小喇叭、治水新闻和国家考核断面达标情况等 4 个子模块。基本业务管理包括督查督办、投诉举报、巡河巡查、河长体系、河湖档案、污染治理、监测数据等 7 大基本业务；公众投诉小喇叭将公众投诉的问题以醒目的形式表现出来；治水新闻则将河（湖）长制相关单位的治水新闻和治水进展滚动展示出来；国家考核断面达标情况以柱形图的形式展现各市（县）的国家考核断面的水质达标情况。

（2）任务管理，可创建一般任务和巡河任务，并查阅、处理相关任务，界面如图 4-60 和图 4-61 所示。

图 4-59　工作台首页图　　　　图 4-60　新建一般任务界面图

图 4-61　新建巡河任务界面图

（3）监测，能够基于地图直观展示监测信息，提供水质、工业园区等监测信息。

4．巡河通

河湖巡查在全面推行落实河（湖）长制工作中起着重要作用，为河（湖）长、河长办、河（湖）长制管理责任单位提供现场巡查和排查手段，为日常巡查管理和应急处置提供服务，方便各级河（湖）长监管人员对河段巡查工作进行监管。为了推进巡河工作的有效开展，专门为巡河人员开发了一款移动巡河系统——巡河通，相关界面如图4-62所示。

5．微信公众号

微信公众号是社会公众了解河湖管护信息、参与河湖管理监督的重要途径，政府可通过公众号向公众发布相关内容，有助于提升民众参与感和政府公信力。

（a）"巡河通"登录界面　　　（b）系统首页面

（c）日常工单界面　　　（d）日常巡河界面　　　（e）巡河轨迹

图4-62（一）　巡河通相关界面

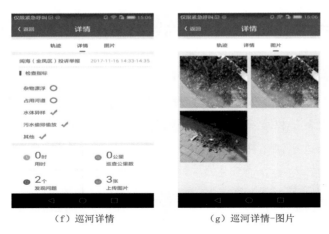

（f）巡河详情　　　　　　　　（g）巡河详情-图片

图 4-62（二）　巡河通相关界面

（1）河长体系，统计自治区、市、县、乡镇各级河长人数，以列表形式展示各级河长数量，并能够查看各级河长详细信息，如图 4-63 所示。

图 4-63　河长体系

（2）河湖档案，综合展示自治区内所有河湖统计信息，包括各级河流条数，点击数字能够查看河湖详细信息，包括基础信息、河长名录、巡河员和图片等，如图 4-64 所示。

（3）随手拍，提供公众随手拍摄照片、记录河湖信息功能，以及公众随手

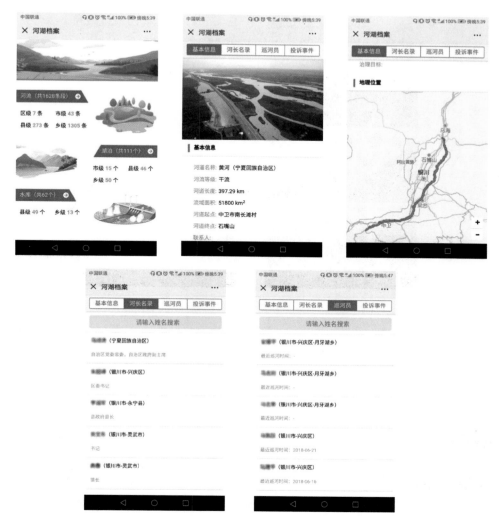

图 4-64 河湖档案

拍摄的照片列表，可显示拍摄地点和时间，并提供筛选查询功能，如图 4-65 所示。

（4）投诉举报，提供社会公众投诉河湖管护问题、查看投诉问题列表以及处理进展功能，如图 4-66 所示。公众输入标题、选择所属河道、备注、上传照片并提交即可完成投诉举报。为保护公民隐私，可选填举报姓名和联系电话。

（5）巡河达人，定期举行巡河达人评选活动，提升公众参与河湖管理力度。巡河人员可报名参与，社会公众对巡河人员投票，如图 4-67 所示。

图 4 - 65　随手拍

图 4 - 66　投诉举报

4.2.2.3　经验及成效

1. 主要经验

宁夏河长制信息管理平台是全国第一个公开招标的省级河（湖）长制信息

图 4-67 巡河达人

化平台，坚持以互联网思维，融合推进河湖治理责任、任务、制度、举措落地，为河湖管理从"没人管"到"有人管"、从"多头管"到"统一管"的历史转变发挥了重要作用，为内蒙古、新疆、青海、广西等省（自治区）河（湖）长制信息化建设提供了丰富的经验，主要包括：

（1）高位决策，顶层统筹。

1）宁夏回族自治区党委、政府高度重视，在《宁夏回族自治区全面推行河长制工作方案》中明确，要建设河长制综合管理信息平台，整合共享环保、城建、农牧等河湖治理各地各部门的数据，为各级河（湖）长、工作人员和社会公众提供查询、管理服务，加强河湖动态监管，落实属地责任，完善水治理体系，保障水安全。

2）在推行河湖治理新政中，坚持问题导向，充分筹划运用互联网思维进行河湖治理创新，将创新治理方式融合在河湖治理的组织、责任、任务、制度落实始终，推进水治理转型升级。

3）坚决按照水利部关于整合共享的部署，对标河（湖）长制新要求，以推行河（湖）长制为契机对智慧水利进行拓展和提升，打造现代水治理新平台。

（2）整合共享，做实平台。

1）充分利用水利、环保等部门现有软硬件及网络资源，以问题为导向、以精细化管理为重点、以社会参与为补充、以智能化应用为手段，建设河长制综合管理信息平台 PC 端、移动端和微信公众号三端应用服务，满足各级河（湖）长、河长办、成员单位和社会公众等参与河湖管理的应用需求。平台基于一张图综合展现全区河湖名录、河（湖）长体系、实时断面水质、河湖保护管理突出问题等信息，集工作即时通信、河长工作平台、巡河信息管理、责任落实督办、投诉处理追查、监督考核评价等功能于一体，促进了治水部门统一协同作业，深化了水利系统内部统一管理，带动了公众参与河湖管护，实现河湖管理网格化、决策流程精细化、监督考核数字化，以信息化带动和促进全区河（湖）长制管理现代化。

2）充分利用水利部门已有河湖库渠数据，完善全区乡管以上河湖库渠标绘、切段等数字化工作，实现河湖名录网格化管理；积极开展与国家河（湖）长制管理系统，区水文水资源、水政执法、重点污染源在线监测等信息系统对接；与环保、城建、农牧等部门共建共享河（湖）长制管理数据，实现了跨部门、跨地域治水数据整合，进一步促进了水利内部各单位数据整合，形成了基于水利云的全区河湖治理专题数据库。

3）出台信息共享制度、平台使用制度，以制度形式固化了相关部门涉水信息共用互享。依据"智慧宁夏"建设"一网一库一平台"要求，借助中国（中卫）西部云基地等公共基础设施，深化涉水信息资源开发利用与共享，促进行业部门和地方数据共享，有效解决了各级数据接入难、共享共用难的问题，提高治理效率；建设水利厅河长制门户网站、微信公众号，建立河长与百姓的沟通渠道，提高了公众参与河湖管理的积极性，提升了政府公信力。真正做到从源头上完成信息数据的共享和交互，从方式上实现了实时监测数据实时共享，从管理上实现了科学规范化，实现了跨平台、跨部门的信息共享交换，提高了数据共享力度。

（3）深化应用，注重实效。宁夏河长制综合管理信息平台针对宁夏河湖管理突出问题，设置了河湖名录、河长体系、即时通信、一河一策、事件处理、监督考核、数据维护等应用功能。具体体现在：

1）基于一张图直观展现乡管以上河湖库渠分布情况，完成标绘、切段等数字化工作，以及河湖信息、河（湖）长信息、"一河一策"等信息对应，明确了职责，权力范围内的事项直接推送到本级河（湖）长，确保河（湖）长守河（湖）有责。

2）对文件收发、督导检查、巡河管理、投诉举报、事件处理、多人多端会议等进行流程化管理，实现无纸化高效办公；将领导交办、工作督办、巡河事件、投诉举报和事件处置流程同步关联，双向公开透明。

3）利用移动端向河（湖）长、河长办及工作人员推送信息动态，方便各级河（湖）长掌握责任范围的河湖管理状况、日常工作事务提醒等。

4）为各级河（湖）长提供河长通移动办公应用，能够随时随地掌握河湖库管理目标达成、监测预警及投诉举报等情况，处理河湖管理日常事务，监督下级河（湖）长履职，实现在线动态监管。巡河人员利用巡河通，能够及时上报巡河工作进展情况，发现问题及时处理上报，保证基层巡查工作可溯源，增强了河湖管护人员的责任感。

5）建立公众参与河湖管护的渠道，社会公众通过河（湖）长制门户网站和微信公众号参与河湖管护，了解河湖整治情况，监督举报河湖问题。

6）印发了平台使用制度规范和数据填报规范，允许各单位在河长制平台上进行个性化业务开发和延伸。

7）建立了基础数据、实时数据、业务数据、空间数据和多媒体数据共5大类120余项，涉及27个部门和单位，充分实现了河湖管护信息整合共享，提升河湖管护效率。

（4）建制抓培，规范使用。一抓制度建设，二抓应用培训，三抓上线使用。

出台信息共享制度，以制度形式固化了相关部门涉水信息共用互享。为保障河（湖）长制综合信息管理平台推广使用，印发平台使用制度，规范了数据的管理，有效提升了管理水平；组织县级及以上信息化培训29次，其中区级2次、市级5次、县级22次；以提高上线率、使用率为重点，狠抓责任落实、应用上线和管理使用，实现单季度各级河（湖）长利用移动终端巡河4000余次。

2. 应用成效

充分利用"互联网＋"、移动互联网等新技术，建设了集电脑端、手机端和微信端于一体的河（湖）长制综合管理平台，打破了治水部门间的"数据围栏"，推进巡河、投诉举报等协同，实现了一级部署、五级应用，有效支撑了宁夏区、市、县、乡、村五级应用，各级河长上线率 80% 以上，巡河员上线率 90% 以上，事件受理时间缩短，事件办结率提高了 80%。同时，与国家河长制管理系统成功对接，基于水慧通在组织机构和用户体系方面进行了扩大和延伸，拓展了宁夏智慧水利应用。

随着国家和宁夏河（湖）长制政策的深化落实，水利部"清四乱"专项行动、采砂整治以及宁夏"携手清四乱，保护母亲河"专项行动，水利部、黄河水利委员会以及区市县河长办暗访、重点工作月报通报等河湖管理重点工作缺少信息化管理，设计的事件督办、考核评价、事件处理等流程已经不能满足实际工作需要。因此，宁夏正启动平台升级改造，借助大数据、语音识别等新技术，结合宁夏实际工作需要，以信息化助力宁夏美丽河湖建设。

4.2.3　内蒙古河（湖）长制综合管理平台

内蒙古河（湖）长制综合管理信息平台已经正式上线运行，实现了水利、环保、国土、住建等各相关部门涉河湖数据整合共享，河（湖）长、巡查员电子巡河常态化，有效推进了各级河（湖）长履职。

4.2.3.1　总体架构

充分利用"互联网＋"、移动互联网等新技术，以系统的观念，从整体出发，结合内蒙古水利信息化现状，充分考虑各项业务应用，建设了集电脑端、手机端和微信端于一体的内蒙古河长制综合管理平台，系统总体架构如图 4-68 所示。

4.2.3.2　功能结构

内蒙古河（湖）长制综合信息管理平台功能结构如图 4-69 所示。

4.2.3.3　经验及成效

1. 主要经验

内蒙古地域狭长，下辖 9 个地级市、3 个盟；52 个旗，17 个县，11 个盟（市）辖县级市，23 个市辖区，共计 103 个旗县。地域广阔，区域分散，河湖基础数据标绘工作量大，工作任务重。平台基于现有水系数据，分组分区标绘，对水系数据进行了修正。

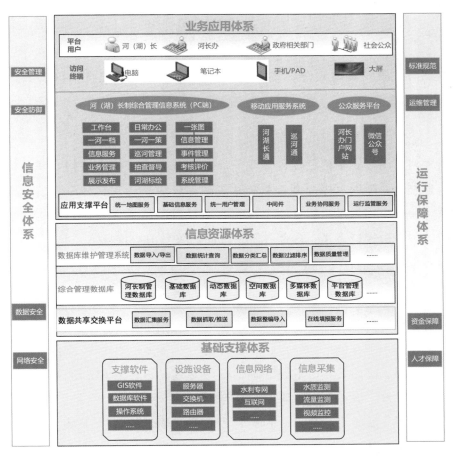

图 4-68　系统总体架构图

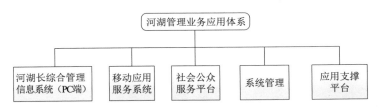

图 4-69　河湖管理业务应用体系功能结构图

2. 应用成效

平台整合了治水部门间的"数据围栏"，推进巡河、投诉举报等协同，实现了一级部署、五级应用，有效支撑了内蒙古区、盟市（市、县）、旗县、苏木乡镇、嘎查村五级应用，各级河（湖）长上线率80％以上，巡河员上线率90％以上，事件受理时间缩短，事件办结率提高了 80％。

4.2.4　新疆河（湖）长制综合管理系统

新疆河（湖）长制综合管理系统由自治区建设，满足自治区和兵团的河（湖）长制信息化管理。

4.2.4.1　总体架构

新疆河（湖）长制信息综合管理平台采用 B/S 多层体系结构，基于标准规范与信息安全保障的总体原则，系统从逻辑上分为基础支撑体系、信息资源管理体系、业务应用体系、信息安全体系和运行保障体系五大体系结构。平台各体系间的关系由接口定义，内部各子系统间的关系由协议规范。

4.2.4.2　功能结构

（1）河（湖）长制综合管理信息系统（PC 端）主要服务于自治区和兵团、各地（州、市）和兵团师、各县（市、区）和兵团团场级河（湖）长、河长办、成员单位服务，主要包括工作台、日常办公、一张图、"一河（湖）一档"、一河（湖）一策、信息服务、系统管理、巡河管理、事件管理、业务管理、抽查督导、考核评价、展示发布、河湖标绘等功能。

（2）河湖移动应用服务系统包括河湖信息查看、巡河、问题处理、任务派发等功能，可为各级河长提供移动办公服务，巡河人员能够进行接收任务、巡河记录、问题处理上报等工作。

（3）社会公众服务系统，依托水利厅门户网站，建设河（湖）长制管理专题，推送河湖管理信息，宣传河湖管理工作的进展与成效。建设河（湖）长微信公众号，从河（湖）长篇、监督篇和成效篇三个栏目向社会公众发布河湖治理相关信息，为社会公众参与河湖管理保护提供新途径。

（4）系统管理模块提供用户管理、权限管理、预警设置、后台日志管理等功能，以提升系统应用效率。

（5）建设应用支撑平台，包括资源服务管理、系统监控管理、数据资源服务、公共基础服务和应用服务等，为应用系统提供全方位的支撑服务。基于业务协同服务，实现河湖管理工作与水文、水政执法、工程管理等业务部门之间的流程流转及任务结果跟踪。

4.2.4.3　应用成效

1. 主要经验

新疆河（湖）长制涉及自治区和兵团兵地两大正省部级管理，河湖分区分段存在兵地混合管理，管理难度大。在系统建设过程中，确保河湖分区分段名录、河（湖）长名录的兵地融合，确保责任体系准确无误；打通巡河、监督考察等方面的业务流程，实现兵地信息互联互通，确保兵地工作同步，确保河湖管护效果。

2. 应用成效

新疆河长制综合管理平台充分借鉴宁夏河（湖）长制信息化建设经验，结合新疆兵地融合理念进行建设，服务自治区和兵团、各地（州、市）和兵团师、各县（市、区）和兵团团场、各乡（镇）和兵团连队四级河（湖）长、河长办、河流河长办成员单位（其中，河流河长办为各级流域机构设立的河长办）。

4.3　市县级河（湖）长制信息管理系统

全国部分市县结合自身河湖管理工作需要，积极组织开展河（湖）长制信息化建设。北京朝阳、辽宁鞍山、广西桂林、青海海东、青海海南、内蒙古呼和浩特等地积极开展市级平台建设；青海互助、内蒙古科尔沁、安徽涡阳、宁夏德隆等地积极开展县级平台建设。

2018 年，浙江省在全国率先上线了覆盖省、市、县、乡、村五级的河（湖）长制信息化平台，采取省（流域）、市、县分级建设，各平台间数据互联互通。平台集成基础信息查询、河长履职考核、事件处理、统计分析等功能，并通过电脑端、移动 APP、微信公众号等端口为不同用户服务。

4.3.1　丽水市河长制管理系统

1. 用户概述

用户为河长办人员，包括丽水市河长办、各县区河长办、乡镇河长办的工作人员，此类用户平时主要使用系统进行以下工作：

（1）本行政区域内的各类信息的查看和统计。

（2）进行各类待办问题的处理，进行督导单的下达和反馈信息的查看。

（3）本行政区内的重点项目信息的管理。

（4）断面水质信息的管理。

（5）各类单位、人员、河道、断面等数据的后台维护。

2. 查看区域内全面信息

登录成功后，进入系统点击右上导航栏的"综合首页"进入综合信息查看页，可查看本行政区下各级区域的综合统计情况。

（1）在页面左上区域，市级河长办可查看各个县区的巡查率分布；县级河长办可查看各个乡镇的巡查率分布。

（2）在页面右上区域，可查看行政区河长制运行情况简报、通知公告信息，如图4-70所示。

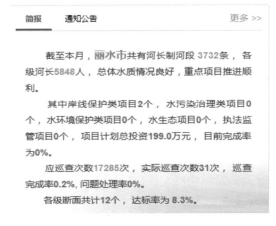

图4-70 系统简报、通知界面

（3）在页面左下区域为水质及问题总览界面，可查看区域内剿劣进度、项目进度等信息，如图4-71所示。

图4-71 水质及问题总览界面

（4）在页面右下区域，可查看下级各区域的最近一次考核情况统计图表，如图4-72所示。

图4-72 考核情况统计界面

3. 查看、检索、统计河长制相关数据信息

（1）查看各级河长相关信息。当需要查找某些河长的详细信息，或者统计本行政区域内河长个数时，可以使用系统的检索查询功能，如图4-73所示。

图4-73 河长信息检索

（2）查看各级河段相关信息。点击导航栏中的"数据中心"→"基础信息"，然后点击左侧的"信息检索"→"河段信息"，即可查看本区域内的河段列表，如图4-74所示。

（3）对河长制水质情况进行统计分析。当需要对区域内水质情况进行统计分析时，可以利用系统的统计功能模块，如图4-75所示。

（4）对河长制巡查情况进行统计分析。当需要对区域内河长的巡查情况进行统计分析，生成相应图表时，可以利用系统的统计功能模块，如图4-76所示。

（5）对河长制问题情况进行统计分析。当需要对区域内问题的种类、数量、

图 4 - 74　区域河段信息

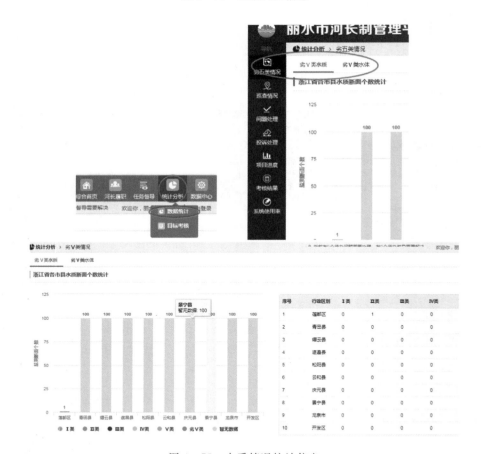

图 4 - 75　水质情况统计信息

处理情况进行统计分析，生成相应图表时，可以利用系统的统计功能模块，如图 4 - 77 所示。

图 4 - 76   巡查情况统计信息

图 4 - 77   问题情况统计信息

（6）区域内河长巡查工作的管理。作为河长办人员，需要对本行政区内所有河长的履职情况进行全面的了解，查看其巡查工作的详细情况，如图 4 - 78 所示。

1）如要查看具体河段河长的巡查、问题处理情况，点击左侧的"河长管理"菜单，或者根据需求，点击不同级别的河长分别进行查看，如图 4 - 79 所示。

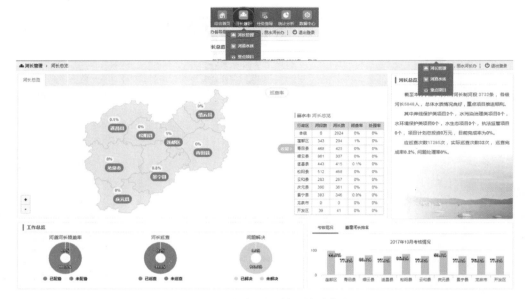

图 4-78 河长履职情况统计信息

2）系统默认显示当月该行政区的所有河段河长的巡查工作情况列表。

图 4-79 河段河长的巡查工作信息

3）可以通过行政区划、河长姓名、河段名称、月份等进行列表的筛选，如图 4-80 所示。

4）如果要查看某个河段河长的具体巡查情况记录，可以点击"完成周期数"一栏的数字，将显示其巡查记录的列表，如图 4-81 所示。

点击具体的记录，可以查看其巡查的轨迹，如图 4-82 所示。

4. 进行区域内交办问题的处理以及督导单的下发和跟踪

各级河长办的工作人员应负责河长、群众、人大代表等提交到河长办问题的处理或转发，进行待办问题处理的操作方式如下：

基本信息		应巡周期数	工作情况				
河段名称	河长名称	应巡周期数	完成周期数 ▼	实际巡查次数 ▲	巡查长度/km	问题个数	巡查率
长乐坑水碓边村段	王☐☐	4	2	4	85.142	0	50
鹤溪河红星街道段	吴☐☐	3	1	1	0.404	0	33.3
坑底坪	刘☐☐	3	1	1	0	0	33.3
梨树岙（乡级）	雷☐☐	3	1	1	0.12	0	33.3
太平港下天村段	叶☐☐	4	1	2	0	0	25
叶府前坑	张☐☐	3	1	2	11.85	3	33.3
长乐坑	梅☐☐	2	1	1	24.798	0	50

图 4 - 80 河长具体巡查情况

图 4 - 81 河长巡查详细信息

图 4 - 82 河长巡查路径轨迹

（1）点击导航栏上的"任务督导"。

（2）界面上将出现需要处理的问题列表（如果没有，则列表为空），如图 4-83 所示。

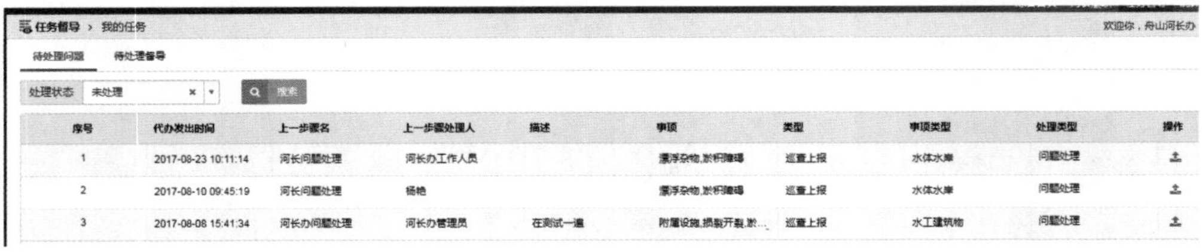

图 4-83　问题列表清单

（3）点击需要处理问题的右侧按钮，出现问题详情页面，如图 4-84 所示。

图 4-84　问题详情页面

（4）选择处理方式，自行处理或转交给其他河长或业务单位处理。填写处理意见、上传相关附件等，点击"保存"进行处理的提交。

5. 进行区域内重点项目的管理

河长办人员在系统中可以查看区域内的各类重点项目计划、进度等情况，并对由业务部门报送的项目计划、项目进度进行审核，如图 4-85 所示。

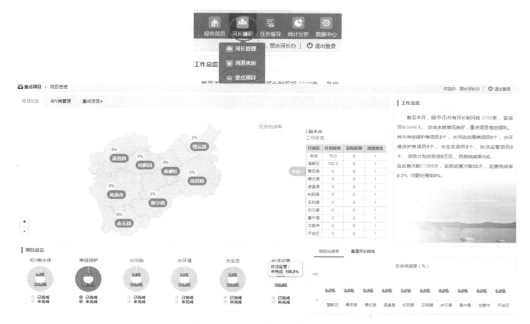

图 4 - 85　重点项目管理界面

如要查看具体的项目信息，可按照项目类别点击左侧相应的菜单，包括劣Ⅴ类、水生态、岸线保护、水资源、水污染等。

点击进入某一类别的项目管理，右侧将默认显示目前填报的全部该类重点项目列表，如图 4 - 86 所示。

序号	政区名称	项目名称	计划年度	所属河段	责任单位	计划投资	当前投资	上报月份	计划状态	进度状态	计划长度(公里)
1	莲都区	测试项目	2017	-	缙州市水利局	10	0	-	-	-	-
2	丽水市	测试项目	2017	-	丽水市水利局	100	0	-	已审核	-	0
3	莲都区	测试项目	2017	-	丽水市水利局	10	0	-	已审核	-	10
4	莲都区	演示项目	2017	-	丽水市水利局	100	0	-	已审核	-	10
5	丽水市	演示项目3	2017	-	丽水市水利局	99	0	-	已审核	-	0

图 4 - 86　某类别重点项目列表

如果要查看具体项目信息，可点击项目右侧的"查看"，弹框显示项目具体内容，如图 4 - 87 所示。

6. 进行区域内水质情况的查看

（1）查看行政区内各类水质断面的基础信息，如图 4 - 88 所示。

（2）查看行政区内各类水质断面的实时信息，如图 4 - 89 所示。

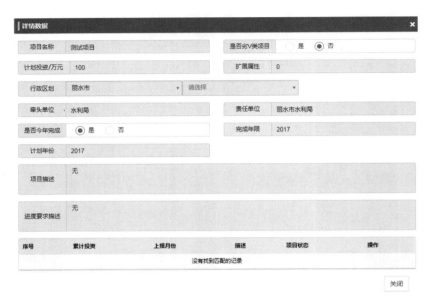

图 4-87　重点项目详情

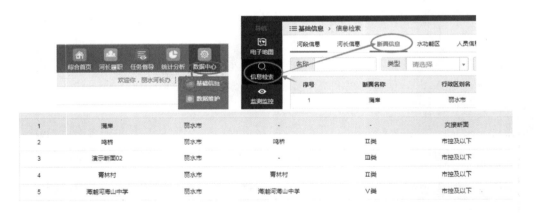

图 4-88　断面信息列表

如果要查看详细的水质实时指标，点击左侧菜单的"河道水质"，即可显示行政区内所有水质断面的实时数据列表，如图 4-90 所示。

7. 进行区域内各类数据的调整

在河长更换、河道变更或删减、业务单位变更或删减、水质断面变更或删减时，河长办人员负责进行信息的录入和提交，如图 4-91 所示。

（1）河道信息修改。在河道信息填写页面，可以进行数据的修改，如图 4-92 所示。

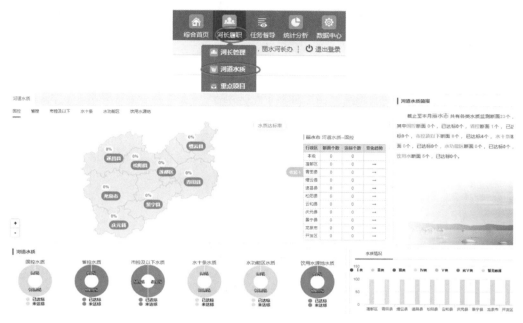

图 4-89　水质断面实时信息

图 4-90　水质断面实时数据列表

图 4-91　河道数据维护界面

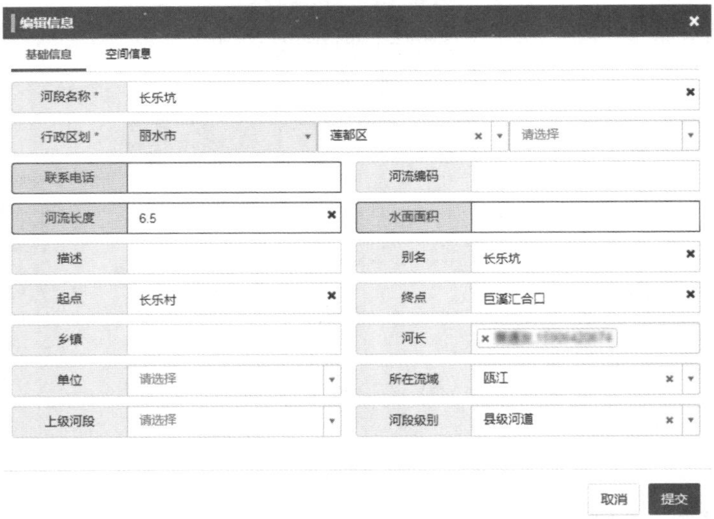

图 4 - 92　河道信息修改表单

根据河长制层级管理关系，一定要正确选择上级河长河道，如图 4 - 93 所示。

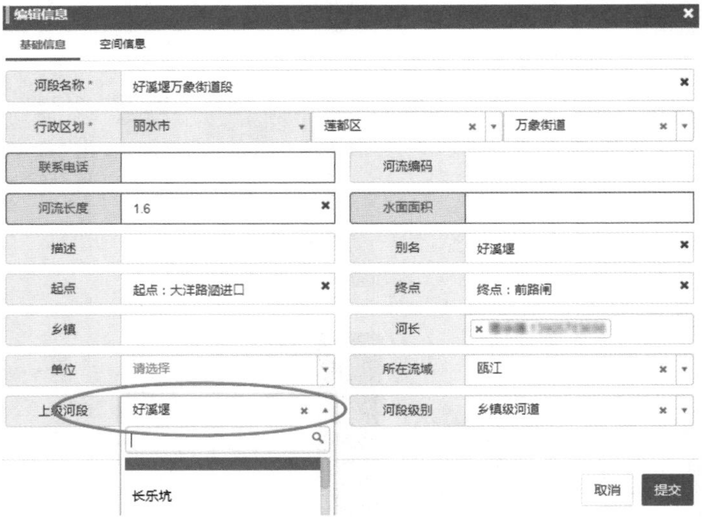

图 4 - 93　选择上级河长河道

在数据维护的河道列表，点击"空间标绘"，进入标绘界面，如图 4 - 94 所示。

（2）进行河长数据的维护管理。在河长人员发生变更，有新的河长进入系统后，需要在河长数据维护模块进行相应信息的添加和修改，如图 4 - 95 所示。

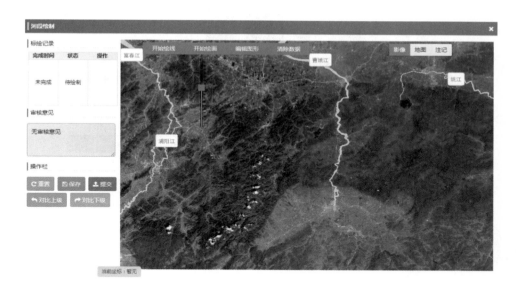

图 4-94 河道空间标绘

图 4-95 河长数据维护

（3）进行单位数据的维护管理。在单位信息发生变更，有新的单位需要进入系统后，需要在单位数据维护模块进行相应信息的添加和修改，如图 4-96 所示。

4.3.2 常山港河道网格化管理平台

1. 首页

河道网格化管理是详细管理各级河长资料及河道日常工作的平台，包括河道总览、河道巡查、河长管理、合同管理、"一河一策"及考核管理。

河道总览包括各级河长及其所管辖的河段示意图，如图 4-97 所示。默认

图 4-96　单位数据维护

是三级河长的管辖示意图，各一段颜色代表一个河段。二级河长管辖示意图界面如图 4-98 所示。

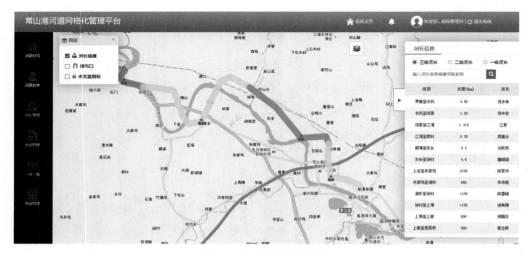

图 4-97　河道总览界面

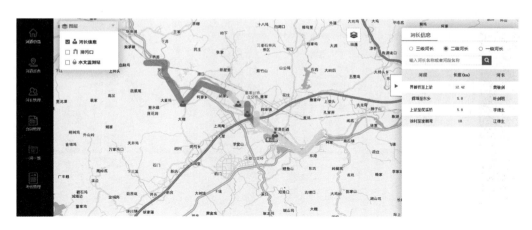

图 4-98　二级河长管辖示意图界面

2. 河道巡查

河道巡查主要侧重于河道保洁方面的巡查，如图 4-99 所示，保洁巡查主要由物业公司的保洁人员完成。

图 4-99　河道保洁巡查界面

安全检查是汛期河道安全工作的重点，一般会在汛前、汛中发布安全检查计划，规定检查完成日期，组织检查工作，并填写检查报告，如图 4-100 所示。

挖沙和清淤工作是河道常规性养护工作，一般委托给物业公司全权管理。每年每个河道的养护情况要及时录入系统，包括养护人员、养护时间、养护内容以及养护报告，如图 4-101 所示。

图4-100 河道安全检查界面

图4-101 挖沙和清淤管理工作界面

3. 河长管理

一级、二级、三级河长资料都在河长管理功能里，包括每个河长的级别、具体管辖的河段、河段长度、起止点、流域面积、联系电话、所在单位等资料，如图4-102所示。如果河长的资料有变化，则需要在这里更新，如图4-103所示。

4. "一河一策"

按照浙江省"五水共治"的要求，每个河道都要有一个明确的治理办法，根据河道实际情况编制。每个河道都对应一个治理文件，平台把这些治理文件归集到一起，便于查询和调阅，如图4-104所示。

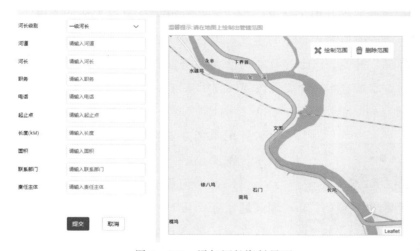

图 4-102　各级河长资料管理界面

图 4-103　添加河长资料界面

图 4-104　"一河一策"界面

第5章

信息化河湖巡查

信息化河湖巡查利用各种现代化技术开发可视化巡查系统或平台，基于网格化管理思想，以河道涉水事务为主线，以各级河长工作内容为导向，高效整合现有水利、环保、林业、国土等行业的涉河湖信息资源，动态展示各级河（湖）长辖区内水质、水情、水域岸线等内容，分级实现河（湖）长制日常事务管理。

基层河（湖）长运用河（湖）长 APP（图 5-1）将河（湖）巡查情况及时报告，记录交办发现问题，其主要功能如图 5-2 所示，主要包括：

图 5-1　河长 APP 巡检界面

（1）查询河湖数据，记录河湖巡查轨迹，发现问题上报，及时上传图片视频，充分利用科技手段在全区范围内推行河（湖）长制，从而提高了河（湖）长河湖巡查管理的科学化、精细化和智能化水平。

（2）河（湖）长制一张图，可视化地展现一手资料和数据及动态变化、告警信息等情况，为各级河（湖）长指挥决策提供辅助支持，为信息查询提供平台。打破各部门、各级之间涉河湖数据壁垒，实现河湖信息共享。

（3）为各级河（湖）长及巡查员、相关责任部门人员提供可随时随地进行移动巡查、信息查询、事件上报、事件督办、工作考核的移动办公软件，实现河湖的移动监管。

基础信息	电子导航	项目信息	通知公告	巡查上报	问题处理
查询关联河道的所有基础信息，如河道属性、水质情况、河长及相关人员、单位联系方式等	提供河道路径导航功能，用户可以自定义选择起点和终点，系统通过GPS定位实现路径精确导航	项目信息的在线查询、浏览功能，包括项目进度、资金等信息，可对项目信息进行分类筛选	通过移动互联网，采用信息推送机制，为管理人员第一时间推送最新的通知新闻、任务提醒等	针对河道杂物漂浮、护岸坍塌、违章设置、污泥淤积、污水真排、水体异样、排水口未标识等实际问题，借助GPS定位、手机拍照、录音、文字记录等手段，建立巡查上报功能	根据"问题处理流程"闭环机制，将上报的问题处理过程化、规范化、信息化，相关管理人员能够通过问题处理功能查询、浏览上报问题情况，并在线进行处理

图 5-2　河长 APP 的主要功能

5.1　巡河任务和职责

5.1.1　河（湖）长制与河湖巡查

河（湖）长制，是指在相应水域设立河（湖）长，由河（湖）长对其责任水域的治理、保护予以监督和协调，督促或者建议政府及相关主管部门履行法定职责，建立解决责任水域存在问题的体制和机制。其中，水域包括江河、湖泊、水库以及水渠、水塘等水体。

河湖巡查是指基层河长通过对责任河湖巡回检查，及时发现问题并予以解决或提交有关职能部门处理或向当地河长办、上级河长报告，要求协调解决。基层河长包括镇（乡、街道）级河长（以下简称"镇级河长"）和村（社区）级河长（以下简称"村级河长"）。

信息化河湖巡查需要建设基于手机端的河湖移动监管系统（掌上河湖），为各级河长及巡查员、相关责任部门人员提供可随时随地进行移动巡查、信息查询、事件上报、事件督办、工作考核的移动办公软件，实现河湖的移动监管。河长制整体架构如图 5-3 所示。

5.1.2　河湖巡查任务与要求

各级河长应当按照国家和省规定的巡查周期与巡查事项对责任水域进行巡

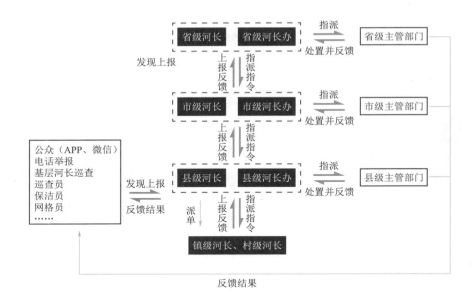

图 5-3　河长制整体架构

查，并如实记载巡查情况。村、镇级河长的巡查一般应当对责任水域进行全面巡查。县、市级河长应当根据巡查情况，检查责任水域管理机制、工作制度的建立和实施情况。县、市级河长可以根据巡查情况，对本级人民政府相关主管部门是否依法履行日常监督检查职责予以分析、认定，并对相关主管部门日常监督检查的重点事项提出相应要求，分析、认定时应当征求村、镇级河长的意见。

【案例 5-1】　浙江省河湖巡查任务与要求

基层河长是责任河道巡查工作的第一责任人。河道保洁员、网格化监管员要结合保洁、监管等日常工作，积极协助基层河长开展巡查，发现河道水质异常、入河排污（水）口排放异常等问题应第一时间报告河长。

基层河长应加大对责任河道的巡查力度，镇级河长不少于每旬一次，村级河长不少于每周一次，对水质不达标、问题较多的河道应增加巡查的频次。基层河长因故不能开展巡查的，应委托相关人员代为开展巡查，巡查情况及时报告基层河长。

基层河长巡查原则上应对责任河道进行全面巡查，并覆盖所有入河排污（水）口、主要污染源及河长公示牌。

1. 基层河长巡查的重点查看内容

（1）河面、河岸保洁是否到位。

（2）河底有无明显污泥或垃圾淤积。

（3）河道水体有无异味，颜色是否异常（如发黑、发黄、发白等）。

（4）是否有新增入河排污口；入河排污口排放废水的颜色、气味是否异常，雨水排放口晴天有无污水排放；汇入入河排污（水）口的工业企业、畜禽养殖场、污水处理设施、服务行业企业等是否存在明显异常排放情况。

（5）是否存在涉水违建（构）筑物，是否存在倾倒废土弃渣、工业固体废弃物和危险废弃物，是否存在其他侵占河道的问题。

（6）是否存在非法电鱼、网鱼、药鱼等破坏水生态环境的行为。

（7）河长公示牌等涉水告示牌设置是否规范，是否存在倾斜、破损、变形、变色、老化等影响使用的问题。

（8）以前巡查发现的问题是否解决到位。

（9）是否存在其他影响河道水质的问题。

2. 河长履职五步法

（1）"一看"水。看水体颜色是否异常、水生动植物生长是否正常、河道水体有无异味等。

（2）"二查"牌。查看河长公示牌、入河排污（水）口公示牌、小微水体公示牌公示信息是否及时调整、立牌是否破损老化、设立位置是否合理等。

（3）"三巡"河。实行"河道、河岸、河面"三位一体巡查，对水体环境卫生是否到位、是否有新增污染源、是否存在涉水违建（构）筑物、是否存在倾倒生活建筑垃圾、是否雨水排放口晴天排水等重点问题进行巡查，运用河长APP及时报告相关情况。

（4）"四访"民。巡河时应亮明河长身份，积极走访周边群众，宣传普及水环境知识，听取群众治水意见建议，使群众共同成为治水的监督者、执行者和受益者。

（5）"五落实"。以发现问题、解决问题为河长履职的根本落脚点，协调落实各类措施，确保"短期问题立行立改、长期问题分步整改"。

5.1.3 河湖巡查工作机制

村级河长在巡查中发现问题或者相关违法行为，督促处理或者劝阻无效的，应当向该水域的镇级河长报告；无镇级河长的，向乡镇人民政府、街道办事处报告。

镇级河长对巡查中发现的问题，以及村级河长报告的问题或者相关违法行为，应当协调、督促处理；协调、督促处理无效的，应当向县、市相关主管部门，该水域的县、市级河长或者县、市河长制工作机构报告。

县、市级河长和县、市河长制工作机构在巡查中发现水域存在问题或者违法行为，或者接到相应报告的，应当督促本级相关主管部门限期予以处理或者查处；属于省级相关主管部门职责范围的，应当提请省级河长或者省河长制工作机构督促相关主管部门限期予以处理或者查处。

【案例 5-2】　浙江省河湖巡查工作机制

基层河长在河湖巡查过程中发现问题的，应当妥善处理并跟踪解决到位。

镇级河长河湖巡查发现问题应及时安排解决，在其职责范围内暂无法解决的，应当在 1 个工作日内将问题书面或通过河长微信（QQ）工作联络群等方式提交有关职能部门解决，并报告当地河长办。

村级河长巡查发现问题应及时安排解决，在其职责范围内暂无法解决的，要通过河长微信（QQ）工作联络群等方式立即报告镇级河长（无镇级河长的报告乡镇、街道），由镇级河长（镇级治水办）协调解决或由其提交有关职能部门解决。

所提交问题涉及多个部门或难以确定责任部门的，基层河长（镇级治水办）可提请上级河长或当地县（市、区）河长办予以协调，落实责任部门。

相关职能部门接到基层河长提交的有关问题，应当在 5 个工作日内处理并书面或通过河长微信（QQ）工作联络群答复河长。基层河长要对职能部门处理问题的过程、结果进行跟踪监督，确保解决到位。

基层河长接到群众的举报投诉，应当认真记录、登记，并在 1 个工作日内赴现场进行初步核实。举报反映属实的问题，应当予以解决，并跟踪落实到位。对暂不能解决的问题，参照河湖巡查发现问题的处理程序，提交有关职能部门处理。基层河长应在 7 个工作日内，将投诉举报问题处理情况反馈给举报投诉人。

5.1.4　工作考核

县级以上人民政府应当对河长履职情况进行考核，并将考核结果作为考核

评价的重要依据。对村、镇级河长的考核，其巡查工作情况作为主要考核内容，对县、市级河长的考核，其督促相关主管部门处理、解决责任水域存在问题和查处相关违法行为情况作为主要考核内容。河长履行职责成绩突出、成效明显的，给予表彰。

县级以上人民政府可以聘请社会监督员对下级人民政府、本级人民政府相关主管部门以及河长的履行职责情况进行监督和评价。县级以上人民政府相关主管部门未按河长的督促期限履行处理或者查处职责，或者未按规定履行其他职责的，同级河长可以约谈该部门负责人，也可以提请本级人民政府约谈该部门负责人。

镇级以上河长违反有关规定，有下列行为之一的，给予通报批评；造成严重后果的，根据情节轻重，依法给予相应处分：

（1）未按规定的巡查周期或者巡查事项进行巡查的。

（2）对巡查发现的问题未按规定及时处理的。

（3）未如实记录和登记公民、法人或者其他组织对相关违法行为的投诉举报，或者未按规定及时处理投诉、举报的。

（4）其他怠于履行河长职责的行为。

【案例 5－3】 浙江省河湖巡查工作考核

各县（市、区）应当将基层河长巡查工作作为基层河长履职考核的主要内容，纳入干部实绩考核。

基层河长河湖巡查工作考核应当结合本年度巡查工作的检查、抽查情况，重点考核巡查到位情况和问题及时发现、处理、提交、报告、跟踪解决到位情况及巡查日志记录情况。配发河长制管理信息终端的县（市、区）应将河长制管理信息终端使用情况纳入河长巡查工作考核内容。

各县（市、区）河长办对定期考核、日常抽查、社会监督中发现基层河长河湖巡查履职存在问题或隐患、苗头的，应约谈警示。对巡查履职不到位、整改不力等行为，在约谈警示的基础上，还应进行督办抄告，视情况启动问责程序。

基层河长巡查工作中，有下列行为之一，造成"三河"严重反弹、被省级以上媒体曝光或发生重大涉水事件等严重后果的，按照有关规定追究责任，其中涉及领导干部的，移交纪检监察机关按照《党政领导干部问责暂行规定》予以问责：

（1）未按规定进行巡查的。

（2）巡查中对有关问题视而不见的。

（3）发现问题不处理的，或未及时提交有关职能部门处理的。

（4）巡查日志记录弄虚作假的。

各地河长办要积极发现基层河长履职工作的典型，大力宣传先进事迹，每年开展优秀基层河长评选活动，对履职优秀的基层河长予以表彰。

5.2　信息化巡河实务

目前，各地均开展巡河信息化建设，以信息化手段辅助各级河长，尤其是基层河长巡河。巡河通过电脑端和手机端相结合，打破了传统的纸质办公方式，方便、简洁、实用。巡河工作主要包括巡河任务派发、移动巡查、案件受理、协调处置和结果反馈。巡河任务包括按照巡河制度要求的常规巡河，上级河长、河长办通过电脑端或手机端下发的临时巡河，或监测预警等生成的事件任务。下级河长、巡河员接收任务并巡河，上报巡河情况。河长办受理人员接收上报的问题，并分析、指派相关责任人、责任单位进行处理。案件处理完成后，结案归档。

目前，河湖移动巡查主要基于手机 APP、钉钉、微信进行，相关的 APP 可在手机市场进行搜索下载，或以二维码方式提供下载链接，以"台州河长助手"为例，扫描 APP 下载二维码下载安装，（华为手机需在华为市场中搜索"台州河长助手"下载安装）。以微信扫码为例，如图 5-4 所示。

在登录界面输入用户名、登录密码（可以勾选"记住密码"，便于下次登录），点击登录，如图 5-5 所示。

5.2.1　浙江巡河实务

5.2.1.1　台州河长巡河实务

1. 待办事宜

用户收到的问题，分别有待办事宜和已办事宜，如图 5-6 所示，包括巡河自查问题，收到的督办、督查单，收到的投诉信息。

点击可查看详细的信息内容，选择"已处理"，点"确定"，输入内容；点击 🖼 拍照上传处理结果照片；点击"提交"。

图 5-4　APP下载步骤

图 5-5　应用登录界面　　　　　图 5-6　待办事宜界面

问题上报和处理如图 5-7 所示，上报的问题或者重新需要处理的问题，都会在待办事宜中显示，点击查看详情，记录处理结果，点击"处理"。

2. 排名

台州河长助手中展示了 128 条常规考核河道排名信息，按照排名、河道名

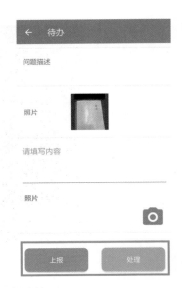

图 5-7　问题上报和处理

图 5-8　常规考核河道排名

称、河长名称、所属行政区；点击河道可以进入信息模块，用户可以看到该河道的基本信息、河道水质、"一河一策"治理方案、公示牌照片信息，如图 5-8 所示。

3.巡河记录

在首页点击"巡河记录"，进入巡河记录模块，内容分为"我的巡河""全部巡河"，其中："我的巡河"为用户自己巡河时登记的巡河情况；"全部巡河"为用户管辖区内全部的巡河情况。点击具体的巡河可进入巡查详情页，包括基本信息、处理记录、巡查轨迹；点击"播放""暂停""重置"可以控制轨迹的播放、暂停、重置，如图 5-9 所示。

列表里显示了我的巡查记录，点击记录可查看该记录的详情页面，如图 5-10 所示。点击照片可预览或下载，点击音频可直接播放。在这里也可以上报和处理，同样会转入待办事宜中。点击图片，可以查看大图。点击"巡查轨迹"，可直接查看当天巡河的轨迹。

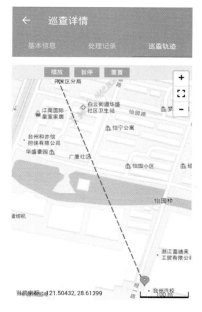

图 5-9　巡查轨迹播放　　　　　图 5-10　巡河详情

4. 公示牌添加

APP 上河道公示牌的添加有以下方式：

（1）在巡河界面点击右上角三个圆点形图标，进入公示牌添加界面，如图 5-11 所示。

图 5-11　添加公示牌方式 1

（2）点击"我的"→"添加资料"→"添加河道公示牌"，进入公示牌添加界面，如图 5－12 所示。填写完公示牌信息以及拍完照片后，由于上传时需要包含上传地点的经纬度信息，故必须现场提交。

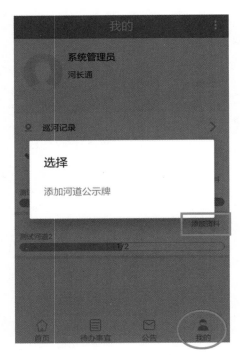

图 5－12　添加公示牌方式 2

5. 移动巡河

利用台州河长助手 APP（图 5－13）进行移动巡河：开始巡河，用户巡查所辖河道并记录问题；巡河记录，保存了用户自己的河湖巡查记录以及辖区下的所有的河湖巡查记录；河道资料，用户辖区下所有河道的信息，包括基本信息、水质、"一河一策"、公示牌照片；综合巡查，当河长的上级领导或者巡检员对河道进行巡查并发现河道问题时可以及时发起督导。

（1）选择巡查的河道（图 5－14）。河长只管辖一条河时，系统会自动选择。多条河道时需手动选择河道。开始巡河后和巡河中每隔一段时间会有语音提示。若未开启 GPS，巡河功能将无法正常使用，软件会提醒河长手动开启 GPS。

（2）问题提交（图 5－15）。巡河过程中，发现问题，可点击"发现问题"进入问题提交界面。

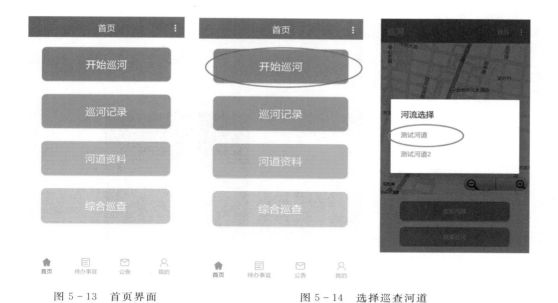

图 5-13　首页界面　　　　　　　　　图 5-14　选择巡查河道

图 5-15　问题提交界面

其中，"问题"项可进行一些常见问题的选择（可多选），"问题描述"项可自行编辑问题描述，"照片"项可实现图片上传功能（需相机权限），"视频"项可选择视频文件上传。

（3）图片上传（图 5－16）。点击问题提交界面的相机图标后，进入图片上传界面。在此界面点击相机图标，可进入拍摄界面进行现场拍摄。拍摄完毕点击"√"，保存图片。在图片上传界面，点击缩略图右上角方块选中图片，点击界面右上角"发表"进行上传。

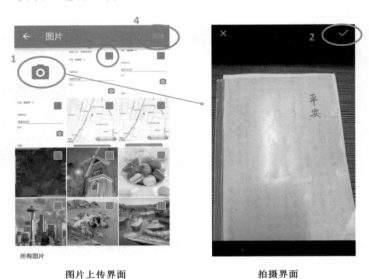

图 5－16　图片上传

（4）删除图片（图 5－17）。选择要删除的照片，点击后，点击右上角垃圾桶标志删除。

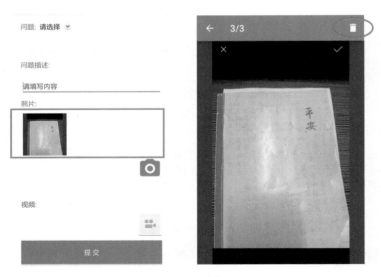

图 5－17　删除图片

（5）问题提交（图 5-18）。问题填写完毕后，需点提交才可上传所记录的问题。问题上传记录后，会弹出对话框，可选择自行处理或上报。

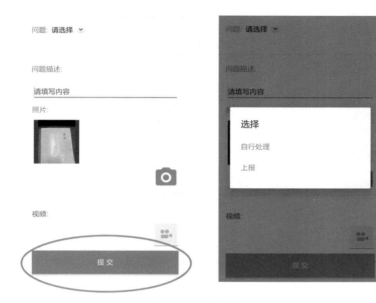

图 5-18　问题提交

（6）结束巡河（图 5-19）。每次完成巡河，不管是否发现问题，都需要在"是否结束巡河？"提示界面点击"是"，才可算完成一次完整的巡河。

6. 信息查阅

巡河人员能够查阅督导河湖的详细信息。可以打开河道资料，内容包括：基本信息、河道水质、"一河一策"、公示牌照片等，如图 5-20 所示。

（1）河道资料——基本信息。能够查看河道以及河长信息、断面排污口信息，可在地图上定位该断面、排污口的位置，如图 5-21 所示。

图 5-19　结束巡河

（2）河道资料——水质信息。展示河道水质信息、当月上下游监测点水质信息，以及各月指标折线图，如图 5-22 所示。

图 5-20　河道资料界面　　　　　图 5-21　断面、排污口位置信息

（3）河道资料——"一河一策"。展示河道"一河一策"治理方案，可下载查看方案具体内容，如图 5-23 所示。

图 5-22　河道水质信息　　　　　图 5-23　"一河一策"信息

（4）河道资料——公示牌照片。展示河道公示牌照片信息，可全屏展示，在地图上定位显示该公示牌的位置信息，如图 5-24 所示。

7. 河长督导

可发起督导,并查阅相应的督导信息,如图 5-25 所示。

图 5-24　公示牌照片信息　　　　图 5-25　督导处理界面

(1) 发起督导,可选择督导的"常见问题",可以拍照、视频方式上传,并发起督办,如图 5-26 所示。

图 5-26　新增督办界面

（2）督导信息。在督导页面点击"督办信息"可进入督导详情页面，包括基本信息和处理记录，如图 5-27 所示。

图 5-27　督导详情界面

8. 今日巡河情况

能够查询某行政区划、某日、所在政区的巡河情况，包括今日巡河总次数、发现问题次数以及已处理问题的次数，以及最新四次巡河问题情况信息展示，如图 5-28～图 5-30 所示。

图 5-28　今日巡河情况

图 5-29　行政区当日巡河情况

图 5-30　辖区巡河情况

5.2.1.2　丽水河长巡河实务

1. 信息确认

（1）点击"开始巡河"，了解本人要巡查哪些河道，如图 5-31 所示。河道巡查前要开启手机定位功能，如图 5-32 所示。

图 5-31　开始巡河　　　　　　　　图 5-32　开启 GPS

图 5-33　河段列表

（2）系统显示本人管理的河段列表，如图 5-33所示。

2．开展工作

（1）河段巡查。

1）每天登录进入系统后，点击"开始巡查"，出现河道列表，每条河会显示最近一次的巡查日期，以及需要在多久时间内进行一次巡查。

2）到达河道附近后，点击需要巡查的河道右侧的"开始"，进入巡查界面，如图 5-34所示。

3）沿河道进行巡视检查，手机界面会显示实时的巡查轨迹、巡查时间、巡查里程等信息。

图 5-34　开始巡查

4）巡查发现问题，点击"问题上报"进入问题上报页面，点击"巡查问题"，在弹出列表中选择所发现的问题，点击"确定"，如图 5-35所示。

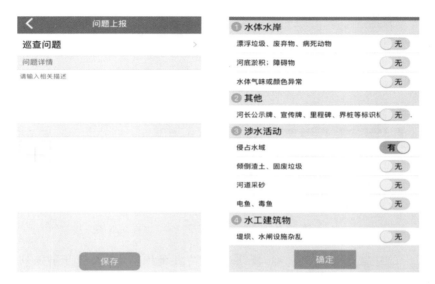

图 5-35 问题上报

5）问题信息填写完成后，点击"保存"，可以将问题进行存储。系统提示是否立即进行问题的处理，如图 5-36 所示。

图 5-36 问题处理

6）完成巡查工作后，可点击"结束巡查"，系统将提示巡查时长、累计里程，如图 5-37 所示。

（2）问题处理。

1）用户每次登录系统后，"待办事项"显示待处理问题的个数，如图 5 - 38 所示。

图 5 - 37　结束巡查

图 5 - 38　"待办事项"按钮

图 5 - 39　"待办事项"列表

2）点击"待办事项"，进入待办事项列表页面，如图 5 - 39 所示。可以看到各个待处理问题的描述和时间等信息。点击某个问题，可以查看问题的情况，对问题进行处理。

3. 记录查询

（1）河长要了解自己最近的工作情况，可点击"工作记录"，查看自己的巡查记录和问题处理记录，如图 5 - 40 所示。

（2）点击"巡查记录"，可以查看对各条河道的巡查记录情况，选择某一条河，点"查看"可以查看本月的巡查记录列表，如图 5 - 41 所示。

（3）选择需要查看的记录，点击可查看巡查详情，如图 4 - 42 所示。系统将显示该记录的巡查轨迹、问题列表记录等信息。

5.2.1.3　常山港河长巡查实务

1. 常山港河长巡河系统 PC 端

常山港河长巡河系统 PC 端是河长巡查平台的后台管理系统。通过河长巡河系统 PC 端可以管理河长资料、河道资料以及绑定河长与河段之间的对应关系。

后台管理系统可以管理河段工情、巡查任务、巡查报告、巡查参数等与巡河有关的全部资料。

图 5-40 "工作记录"界面　　图 5-41 巡查记录列表　　图 5-42 巡查详情

（1）首页。巡河管理后台系统的首页以一张图的方式综合展示全域的河段，以及每个河段的当前巡查状态，可按河段、人员等维度切换视图，如图 5-43 所示。每个河段在地图上都有一个红点坐标，标识河段的形象位置。

图 5-43 巡河后台系统首页界面

工程状态搜索，可按河段名称及巡河状态过滤有效数据，如图 5-44 所示。

（2）任务管理。任务管理是巡河管理后台的核心模块，包括任务定制、即时任务发布、出勤日历、任务监视以及历史任务。

历史任务是所有已完成巡河工作的任务，APP 端上传的每个任务的巡河报

图 5-44　工程状态搜索界面

告都归集到这里。历史任务可按巡河人员、巡河的河段以及时间来查询，如图 5-45 所示。

查看详情可以看到历史任务的巡河报告。主要包括任务情况、巡河报告、巡河轨迹，如图 5-46 所示。

出勤日期是按日历的方式展示正常、异常、未巡查状态。点击日历上的红色和绿色图标，即可查看当日的巡河报告，如图 5-47 所示。

任务监视列表出现的是将要执行的任务，这些任务即将要执行或者正在执行，是重点关注的任务。如果空白说明当前没有巡河任务，如图 5-48 所示。

图 5-45　历史任务界面

有些巡河任务是定期发起的，比如每 3 天常规巡河一次，每 15 天全面巡河一次等。这种情况下，可以在定制任务界面预设任务，如图 5-49 所示。

点击"新增定制"按钮可发起任务定制，填写任务标题、选择巡河人员、填写执行频率、间隔天数、首次触发时间等参数，即可定制一批定时启动的任务，如图 5-50 所示。

图 5-46　历史任务的详情界面

图 5-47　按日历模式的巡河报告界面

有些巡河任务是临时发起的，比如在汛期河道行洪之后，检查河道是否存在毁损等情况，需要发起临时巡河任务，如图 5-51 所示。

图 5-48　任务监视界面

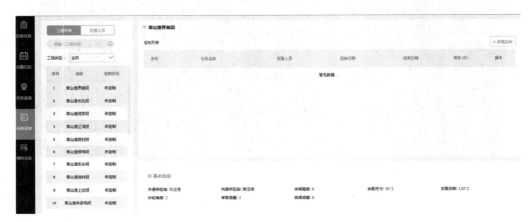

图 5-49　任务定制界面

图 5-50　任务定制操作界面

图 5-51　即时任务界面

点击"即时派发"按钮可发起即时任务，填写任务标题、选择巡河人员、填写任务时间、备注等参数，即可发起一个巡河任务，如图 5-52 所示。

图 5-52　即时派发界面

（3）隐患校核。以列表的形式归集历次的隐患情况，如图 5-53 所示，主要披露隐患的所在地、隐患部位、隐患内容和维修处理情况。

隐患统计柱状图以年度、所在乡镇、工程类型汇总统计隐患情况，如图 5-54 所示。

隐患分析是分析各类工程常见隐患的问题河段，如图 5-55 所示。

（4）工程管理。管理所有河段的工程基本信息，以及该工程关联的巡河人员和河段所在乡镇，如图 5-56 所示。

图 5-53　隐患校核界面

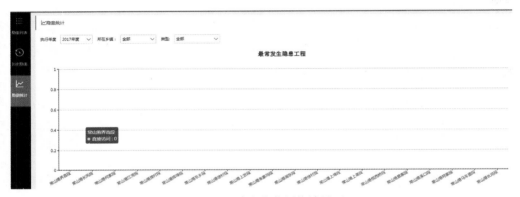

图 5-54　隐患柱状图统计界面

图 5-55　隐患分析界面

（5）人员管理。管理所有巡河人员的基本信息、巡河人员的分工角色以及巡河人员所关联的河段和所在乡镇，如图 5-57 和图 5-58 所示。

（6）系统管理。管理所有河段的检查部位和检查内容，如图 5-59 所示。

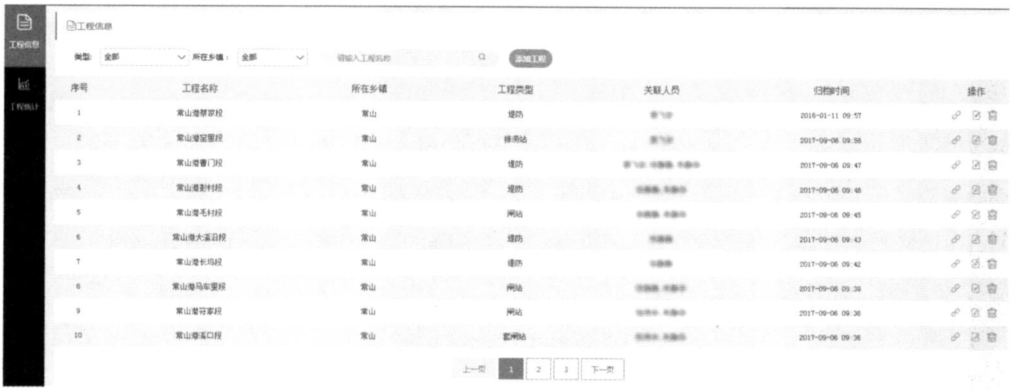

图 5-56　工程管理界面

图 5-57　人员管理界面

图 5-58　人员关联关系设置界面

每一个检查部位和检查内容都要在这个模块下详细配置,且与工程类型匹配,配置参数会直接反映到巡河报告中。

2. 常山港河长助手

常山港河长助手 APP 是通过手机端完成巡河工作的终端程序。通过 APP 巡河人员把各检查部位的巡检情况、巡走路径、问题部位的现场照片等资料上传给后台巡河系统。

(1)首页。首页如图 5-60 所示,主要有以下功能:

图 5-59　系统管理界面

1）最新任务。后台系统发布的最新的巡河任务，这些任务是分配给当前用户的，由他来完成巡河工作。

2）工程信息。对常山港流域划分的每段河道的工情信息进行介绍和说明。

3）巡查记录。记录每次巡河任务的执行结果，包括巡查报告、巡查轨迹和巡查任务说明。

4）维修保养。河道出现问题后的维修任务跟踪以及定期的保养任务跟踪。

5）隐患分析。隐患分析是对历次巡查报告结果的分析统计。

6）考核记录。考核和统计各段河长巡查出勤情况。

7）常用信息。常用的与水利水文有关的在线工具和网站。

（2）最新任务。巡河管理平台分配了最新任务后将出现这个界面，需要河长去巡查河道，完成相关的任务。如果所有的任务都已经完成，也没有新的任务出现，则这里是空白的，如图 5-61 所示。

用户选择一项任务去执行，则进入巡河工作台界面，如图 5-62 所示。用户在授权地理位置、拍照等功能权限后，即可开启巡河模式。

点"开始巡查"启动巡河工作，此时 APP 开始记录用户的巡河轨迹。巡河时间最低不能少于 5min。巡河工作进行中的界面如图 5-63 所示。

巡河过程中，用户可以填写报告，巡河报告以勾选为主，如图 5-64 和图 5-65 所示。巡查结果正常的部位可以不填写，异常的部位需要填写说明和拍照佐证如图 5-66 所示。

巡河任务报告填写完成后，结束巡查，上传报告。

图 5-60　APP 首页界面　　　　图 5-61　最新任务界面

图 5-62　巡河工作台界面　　　　图 5-63　巡河工作进行中的界面

（3）工程信息。在工程信息模块，可以看到所有河段的工情介绍，可以了解每个河段的基本情况和注意要点，便于河长理清巡河的重点环节，如图 5-67所示。

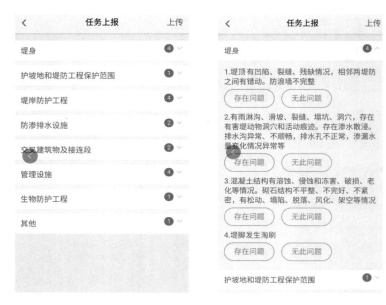

图 5-64 巡河报告内容   图 5-65 巡河报告细节

图 5-66 巡河报告异常部位处理   图 5-67 工程信息界面

选择一个河段，点击进入该段工程的详细信息界面，如图5-68所示。

（4）巡查记录。巡查记录模块里归集了近期已完成的巡河任务，如图5-69所示。巡查记录简明扼要地阐述了巡查结果的状态、巡河时间、巡查河段。

图 5-68 工程详情界面

图 5-69 巡查记录界面

通过"筛选"按钮可以根据条件过滤记录，包括按时间段、按工程两个条件筛选，如图 5-70 所示。

点击其中一条巡河记录，可以查看该次巡河结果的任务说明、报告和轨迹，如图 5-71～图 5-73 所示。

图 5-70 巡查记录筛选界面

图 5-71 巡查结果的任务说明界面

图 5-72　巡查报告界面　　　　　图 5-73　巡查轨迹界面

（5）隐患分析。每次巡河任务完成后，都会对隐患情况进行分析，隐患分析界面如图 5-74 所示，如果上报了隐患部位和图片，都会计入隐患数量。对于隐患部位应尽快做好维修准备，并派发给维修人员及时维修。

（6）考核记录。按一定的周期统计河长的巡河次数，比如每周出勤次数、每月或每年的出勤次数等。可制定出勤率考核规则，考核河长的巡河次数是否达标。考核记录界面如图 5-75 所示。

（7）常用信息。常用信息是常用的一些工具和网站，包括天气预报、台风路径、卫星云图和百度等，可以根据用户的实际需要添加其他的在线工具和网站，如图 5-76 所示。

5.2.1.4　钱塘江海塘运行管理平台

浙江省钱塘江海塘工程运行管理平台分为 PC 端和移动端。PC 端平台包括组织管理、工程信息、工程检查、安全监测、应急管理、设备管理等模块；海塘巡查移动 APP 主要实现任务管理、动态更新、统计分析等功能。

1. 钱塘江海塘巡查 APP

为确保水利工程的安全运行，加强对水利工程汛期的巡查工作，做到及

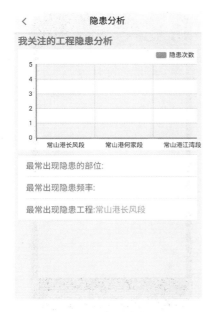

图 5-74 隐患分析界面

图 5-75 考核记录界面

时发现问题，及时处理问题，建立海塘移动巡查终端系统，实现海塘巡查工作的移动化、网络化、智能化，为水利工程的巡查管理提供有效的监管手段。

钱塘江海塘巡查移动 APP 主要实现任务管理、动态更新等功能。

（1）任务管理。

1）巡查任务总览。巡查人员可以在移动终端中查看需要执行的巡查任务，按照上级管理人员的任务安排进行工程巡查，做到及时发现问题、处理问题，如图 5-77 所示。

2）工程巡查登记。巡查人员可以通过移动巡查终端，对工程进行日常巡查登记，通过移动终端将现场发现的问题及时以文字、图像等形式记录下来，系统提供巡查信息记录、现场拍照、录音、录像等功能。

图 5-76 常用信息界面截图

发现问题时可点击"发现问题请点击"，点击进去记录巡查问题，在巡查问

图 5-77　巡查任务查看

题文字记录时，可以再对巡查发现问题的具体桩号位置进行文字说明，如图 5-78 所示。

　　进入上报问题的界面，对塘身、护塘地、管理设施等不同的工程部位分别进行问题记录，点击"工程部位"进行工程部位的切换，如图 5-79 所示。

　　系统默认的是"无问题"，如果巡查没有发现问题，可直接点击右上角"上报"进行上报。

　　如存在问题，在巡查界面点击"塘身""护塘地、护塘河"或者"管理设施"选择部位，例如塘顶存在问题，则选择"塘身"部位，点击塘顶右侧的"有问题"，会显示出详细的常见问题选项，如图 5-80 所示。

　　选择有问题的项目，例如点击"有位移"，会弹出"问题描述"界面。问题描述界面主要包括文字输入框、拍照选项、录音选项和录像选项，如图 5-81 所示。

　　选择拍照，弹出选项，从"拍照"中选择即进行拍照，"从相册选择"即从已拍照片里选择，如图 5-82 所示。

　　选择录音，弹出选项，选择"录音"即现场开始录音，选择"从录音库选择"即使用之前已完成的录音，如图 5-83 所示。

图 5 - 78　巡查问题记录

图 5 - 79　巡查问题详细信息记录

图 5 - 80　巡查问题类别

图 5 - 81　巡查问题描述

　　选择录像，弹出选项，选择"录像"即现场开始录像，选择"从录像库选择"即选用已完成的录像，如图 5 - 84 所示。

　　点击"问题描述"，即可输入文字，对发现问题的位置和现场情况进行详细描述，如图 5 - 85 所示。

　　如果巡查存在问题的选项中没有符合描述的选项，可以点击下方的"其他问题"进入发现问题界面，输入文字或者选择照片、录音、录像，如图 5 - 86 所示。

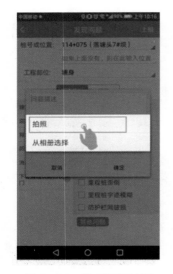
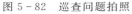
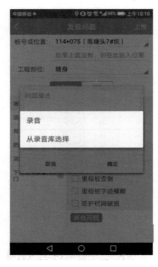

图 5-82 巡查问题拍照　　图 5-83 巡查问题录音　　图 5-84 巡查问题录像

问题记录完成后，点击右上角"上报"，进行问题的提交上报，如图 5-87 所示。

图 5-85 巡查问题　　　　图 5-86 巡查其他　　　　图 5-87 巡查问题提交
描述——文字录入　　　　问题——类别选择

3）临时巡查。点击右上角的按钮 ，申请临时巡查，如图 5-88 所示。

点击申请临时巡查任务，弹出界面，可以选择申请临时巡查任务的对象，如图 5-89 所示。

图 5-88　申请临时巡查　　　　　　　　图 5-89　临时巡查对象选择

比如，选择"尖山围堤"进行临时巡查，点击"开始巡查"，临时巡查开始，如图 5-90 所示。

点击"发现问题请点击"选项，可以记录临时巡查的详细信息，后续报送同日常巡查。

4）巡查签到。按照设定巡查线路和巡查点进行巡查，为了确保巡查的到位率，巡查员需要在起点和终点进行签到，如图 5-91 所示。在巡查的过程中，地图上也会显示巡查员的实时轨迹。

5）问题追踪。结合地图，显示本月巡查发现问题的点（蓝色表示事件处理结束，红色表示处理中）。在巡查过程中，对于之前上报的问题，可以进行问题的查看和记录。

点击图中的点，出现图 5-92 所示的界面。

点击"上传照片"，对事件处理中和处理结束的现场面貌进行记录。

（2）动态更新。巡查人员可以在手机端查看历史巡查记录，及时了解所管理工程的运行状况，以便针对性地加强管理，如图 5-93 所示。

（3）统计分析。对工程的巡查问题进行统计分析，用户可以自定义时段，对巡查问题进行统计分析，展示一定时间段内发现问题的概率以及具体的问题事项，如图 5-94 所示。

图 5-90　开始临时巡查　　　　图 5-91　巡查线路签到　　　　图 5-92　巡查问题追踪

图 5-93　历史巡查记录查询　　　　图 5-94　巡查问题统计分析

2. 钱塘江海塘工程运行管理平台

登录后进入系统主界面，系统主界面上方显示了钱塘江海塘工程运行管理平台的主要功能模块，界面主体是地图，通过鼠标操作可以实现地图拖动、放大、缩小的基本功能，以及影像图、地形图的切换功能。

主功能菜单。点击按钮即可进入各主要功能模块，如组织管理、工程信息、工程检查、安全监测、维修养护、应急管理等。

二级功能菜单。点击按钮可选择主功能菜单下的二级目录内容查询。

主功能区。结合电子地图，通过专题地图、图形、报表等形式显示各类查询结果及相关信息统计。

地图切换。点击右上角 , 可以进行矢量图与地形图的切换。

（1）工程信息。

1）基础信息。点击二级菜单中的"基础信息"，进入工程基础信息模块，结合电子地图，展示钱塘江两岸海塘工程的分布以及工程信息，如图5-95所示。

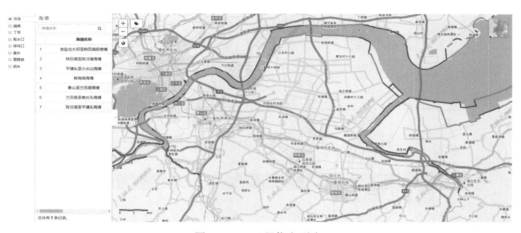

图5-95　工程信息列表

平台底图分为水利电子地图、影像电子地图、水利地形地图3种，选择界面右上方的缩略图 ，可进行底图切换。

双击左侧列表中的任一海塘名称，或点击地图上的海塘塘线，即可迅速地在地图上定位至该段海塘并显示工程基础信息，如图5-96所示。

点击"更多"，可查看海塘的详细信息，如图5-97所示。

基础信息以表格形式展示了海塘详细的属性信息，其他信息里面包含了图片信息和图纸信息，如图5-98所示。

2）360°全景。该功能展示了海塘拍摄的360°全景成果数据，如图5-99所示。点击地图中浅蓝色的线，进入海塘360°全景，如图5-100所示。

点击 可进行画面移动及缩放。

3）二维码管理。二维码管理将海塘基础信息一键生成二维码，可粘贴于海

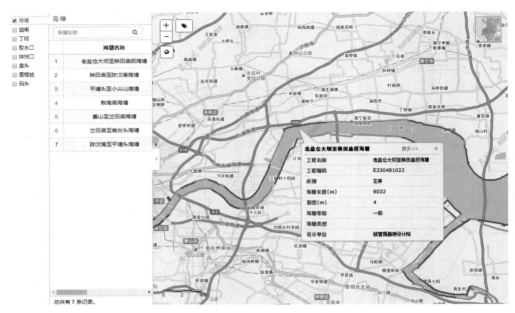

图 5 - 96　工程基础信息显示

老盐仓大坝至秧田庙段海塘详细信息			
基础信息　其他信息			
海塘名称	老盐仓大坝至秧田庙段北岸海塘	编码	E330481022
岸别	左岸	海塘长度/m	8032
顶宽/m	4	海塘等级	一级
海塘类型		设计单位	钱管局勘测设计院
所属河道	钱塘江	水基准面	
起点位置		终点位置	
防浪墙高程/m	10.17	设计防御标准	
实际防御标准		断面型式	斜坡式、直立塘
消能方式		排水型式	

图 5 - 97　工程详细信息显示

塘标识标牌上，如图 5 - 101 所示。

　　点击"制作二维码"进入二维码的制作编辑阶段，填写标牌名称、所属塘段等信息。在下面的空白处，进行二维码文字和图片的编辑工作，如图 5 - 102 所示。

　　点击▇▇，进行本地图片的上传，如图 5 - 103 所示。

　　编辑完成后，点击"提交"，即可完成二维码的生成工作。

图 5 - 98 工程其他信息显示

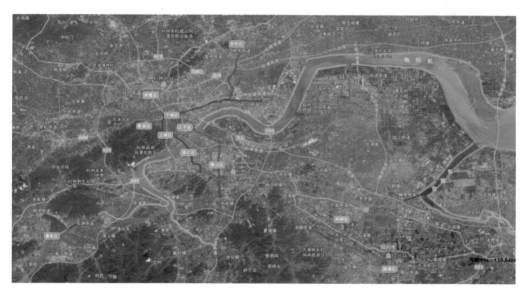

图 5 - 99 360°全景成果数据

图 5 - 100 海塘 360°全景

图 5-101 二维码列表

图 5-102 二维码编辑

图 5-103 本地图片上传

4）档案检索。根据管理处的档案目录，实现不同类别的档案目录统一管理和快速查找的功能，如图 5-104 所示。

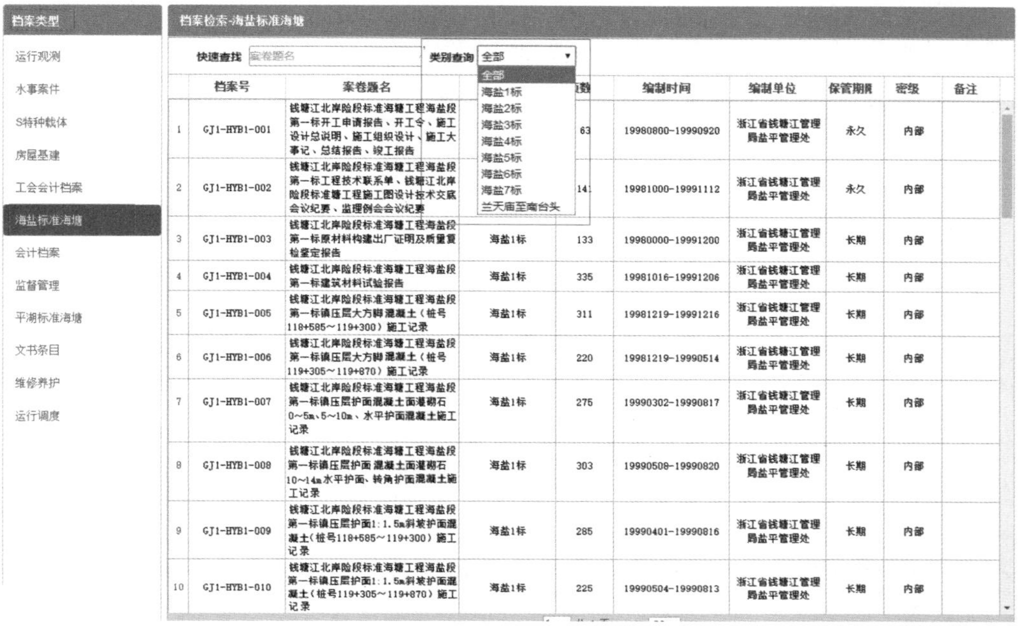

档案类型 | 档案检索-海盐标准海塘

运行观测　水事案件　S特种载体　房屋基建　工会会计档案　**海盐标准海塘**　会计档案　监督管理　平湖标准海塘　文书条目　维修养护　运行调度

快速查找 [案卷题名]　类别查询 [全部 ▼]

下拉选项：全部 / 海盐1标 / 海盐2标 / 海盐3标 / 海盐4标 / 海盐5标 / 海盐6标 / 海盐7标 / 兰天庙至南台头

	档案号	案卷题名	类别	页数	编制时间	编制单位	保管期限	密级	备注
1	GJ1-HYB1-001	钱塘江北岸险段标准海塘工程海盐段第一标开工申请报告、开工令、施工设计总说明书、施工组织设计、施工大事记、总结报告、竣工报告		63	19980800-19990920	浙江省钱塘江管理局盐平管理处	永久	内部	
2	GJ1-HYB1-002	钱塘江北岸险段标准海塘工程海盐段第一标工程技术联系单、钱塘江北岸险段标准海塘工图设计技术交底会议纪要、监理例会会议纪要		141	19981000-19991112	浙江省钱塘江管理局盐平管理处	永久	内部	
3	GJ1-HYB1-003	钱塘江北岸险段标准海塘工程海盐段第一标原材料构建出厂证明及质量检查鉴定报告	海盐1标	133	19980000-19991200	浙江省钱塘江管理局盐平管理处	长期	内部	
4	GJ1-HYB1-004	钱塘江北岸险段标准海塘工程海盐段第一标建筑材料试验报告	海盐1标	335	19981016-19991206	浙江省钱塘江管理局盐平管理处	长期	内部	
5	GJ1-HYB1-005	钱塘江北岸险段标准海塘工程海盐段第一标镇压层大方脚混凝土（桩号118+585~119+300）施工记录	海盐1标	311	19981219-19991216	浙江省钱塘江管理局盐平管理处	长期	内部	
6	GJ1-HYB1-006	钱塘江北岸险段标准海塘工程海盐段第一标镇压层大方脚混凝土（桩号119+305~119+870）施工记录	海盐1标	220	19981219-19990514	浙江省钱塘江管理局盐平管理处	长期	内部	
7	GJ1-HYB1-007	钱塘江北岸险段标准海塘工程海盐段第一标护面混凝土面灌砌石0~5m、5~10m、水平护面混凝土施工记录	海盐1标	275	19990302-19990817	浙江省钱塘江管理局盐平管理处	长期	内部	
8	GJ1-HYB1-008	钱塘江北岸险段标准海塘工程海盐段第一标镇压层护面混凝土面灌砌石10~14m水平护面、转角护面混凝土施工记录	海盐1标	303	19990508-19990820	浙江省钱塘江管理局盐平管理处	长期	内部	
9	GJ1-HYB1-009	钱塘江北岸险段标准海塘工程海盐段第一标压层护面1:1.5m斜坡护面混凝土（桩号118+585~119+300）施工记录	海盐1标	285	19990401-19990816	浙江省钱塘江管理局盐平管理处	长期	内部	
10	GJ1-HYB1-010	钱塘江北岸险段标准海塘工程海盐段第一标压层护面1:1.5m斜坡护面混凝土（桩号119+305~119+870）施工记录	海盐1标	225	19990504-19990813	浙江省钱塘江管理局盐平管理处	长期	内部	

图 5-104　档案检索

搜索某一类型的档案，通过下拉框进行类别查询或者案卷题名的快速查找。点击"导入"，可进行档案目录的 Excel 文件导入。点击"增加"，可逐条增加档案资料，如图 5-105 所示。

双击某一行，可编辑该行的数据。点击"删除"，可删除该行数据。

（2）工程检查。

1）事件列表。事件列表展示所有未处理、处理中、已处理的事件，可以以表格或地图形式进行切换。

新增　×

档案号 [　]
案卷题名 [　]
案卷类别 [　]
页　数 [　]
编制时间 [　]
编制单位 [　]
保管期限 [　]
密　级 [　]
备　注 [　]

提交　取消

图 5-105　档案资料新增

a. 表格形式。以列表形式展示具体上报的事件描述、上报人员、事件处理状态及处理结果，如图 5-106 所示。红色表示事件处理中，绿色表示事件处理结束。

b. 地图形式。以地图形式展示具体事件上报的地点及处理状态，如图 5-107 所示。

2）日常巡查。结合日常巡查的手机 APP，PC 端的功能主要实现巡查任务

图 5 - 106　表格形式事件列表

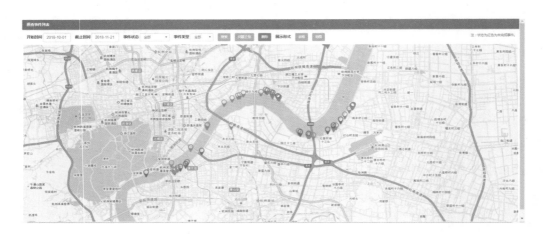

图 5 - 107　地图形式事件列表

的制定、巡查结果的统计分析等。手机端面向的用户群体为海塘巡查人员，PC端为管理人员。

　　a. 任务制定。

　　a）巡查类别选择。巡查类别分为日常检查、特别检查、防汛检查、专项检查。其中最常用的为日常巡查，在日常巡查中，先设置任务库，如果一段海塘分配给几个人去巡查，存在子任务的情况，先在系统中将海塘进行分段。

　　点击"子任务制定"，确定子任务的个数，并在地图上进行标绘，如图 5 - 108所示。

图 5-108　子任务编辑制定

海塘分段完成之后，在账号绑定中，将具体的巡查人员和各段海塘进行绑定，如图 5-109 所示。

b）巡查条件设置。巡查条件设置可以批量修改巡查频次，也可以单独修改某一段海塘的巡查频次，如图 5-110 所示。

点击"编辑"，用户根据实际业务需求，完成对巡查频次的修改，如图 5-111 所示。

b. 统计分析。统计分析可以根据巡查结果，实现多种途径的统计分析。

a）已完成任务。已完成任务以列表形式展示巡查的结果，用户可以对巡查任务的时间、所属科室、巡查员姓名等多种方式进行统计，如图 5-112 所示。

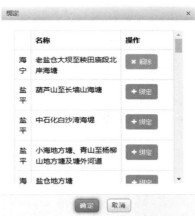

图 5-109　巡查人员和各段海塘绑定

图 5-110 巡查条件设置

图 5-111 巡查频次编辑

图 5-112 已完成任务统计分析

图 5-113 巡查结果
查看方式选择

巡查结果的查看分为地图、巡查表等多种方式，查看方式选择如图5-113所示。

查看结果里可以看到巡查发现的问题（包括文字描述和图片）以及巡查轨迹，如图5-114所示。

问题描述支持文字的二次编辑。轨迹展示可以根据巡查轨迹，实现动画的播放功能。点击"巡查表"，可查看当日巡查报表，支持报表的编辑和打印功能。

b）任务完成统计。任务完成统计以列表的形式，显示本月每段海塘的任务完成情况，以及哪位巡查员没有完成巡查，如图5-115所示。

对于一段海塘分为多个子任务的，所有的子任务都完成巡查，该段任务即完成巡查。

图 5 - 114　巡查发现问题

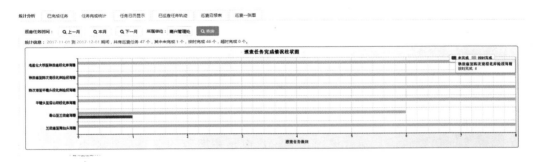

图 5 - 115　任务完成统计列表

c）任务日历显示。任务日历显示以日历形式显示已完成的任务，每天有多少条巡查记录，也可以按巡查员姓名进行巡查结果的统计分析，如图 5 - 116 所示。

点击具体某一天，可查看当天的所有巡查记录。

d）已巡查任务轨迹。已巡查任务轨迹显示所有已完成的巡查任务的轨迹，如图 5 - 117 所示。

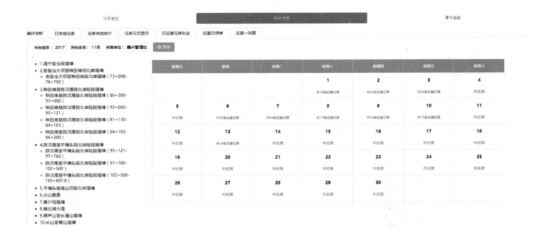

图 5-116　任务日历显示

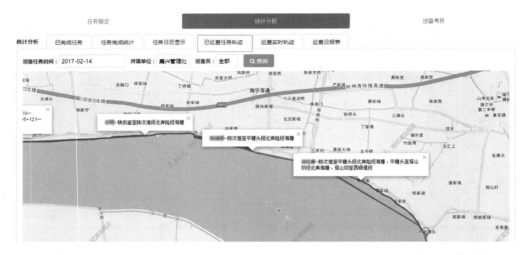

图 5-117　已完成巡查任务轨迹显示

e）实时巡查轨迹。结合地图，展示目前正在巡查的巡查员轨迹以及正在执行的巡查任务，如图 5-118 所示。

f）巡查日报表。巡查日报表显示管理处当日的巡查统计汇总报表，其中嘉兴管理处分为海宁和盐平两份报表，如图 5-119 所示。支持报表的在线编辑、保存和打印。

g）巡查热力图。以巡查热力图的形式，形象地展示出巡查问题易发段，如图 5-120 所示。

在地图上标绘出历史上报的问题，包括桩号、位置、问题描述、问题类别

图 5-118　实时巡查轨迹显示

任务制定

| 统计分析 | 已完成任务 | 任务完成统计 | 任务日历显示 | 已巡查任务轨迹 | 巡查实时轨迹 | 巡查日报表 |

所属单位：嘉兴管理处-海宁　巡查任务时间：2017-05-11　🔍查询　🔍前一天　🔍当天　🔍后一天

🖨打印　✎编辑　💾保存

嘉兴管理处海塘（海宁段）日常巡查日报表

编号：H-05-11

工程部位		桩号.位置	工程情况	备注
堤身	塘顶	95+100	坡面破损	
		86+200	踏步花岗岩贴岩面脱落	
	迎水坡		没问题	
	背水坡	77+600	本地段草坪全线交长，需要习时修剪。	
	防浪墙		没问题	
	交叉建筑物结合部位		没问题	
	消浪防冲设施		没问题	
	下堤通道及道口铁门		没问题	
护塘设施和塘前滩地	盘头		没问题	
	丁坝		没问题	
	塘前抛石		没问题	

图 5-119　当日巡查统计汇总报表

以及上报的具体时间，如图 5-121 所示。

3）防汛检查。每年汛前、汛中、汛后检查之后，管理人员可在线填写防汛

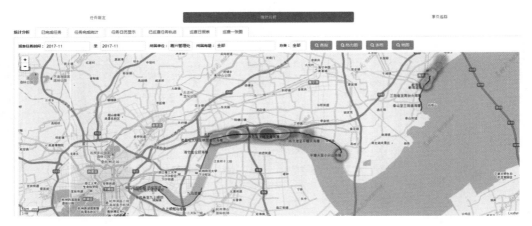

图 5-120　巡查热力图

图 5-121　巡查历史上报问题地图显示

检查情况记录表，如图 5-122 所示。

双击表格中的空白处，可在线填写防汛检查的表格。

表格填写完成之后，点击"记录入库"，则可将表格记录入库。此时，在"历史防汛检查"中，可看到历史填写的防汛检查记录表，如图 5-123 所示。

历史防汛检查中，可对防汛检查的表格进行查看和删除操作，如图 5-124 所示。

4）事务处理。事务处理模块主要实现巡查上报事项之后的流程化处理，如图 5-125 所示。

a. 未处理问题查询。所有人都有权限查询未处理问题，如图 5-126 所示。

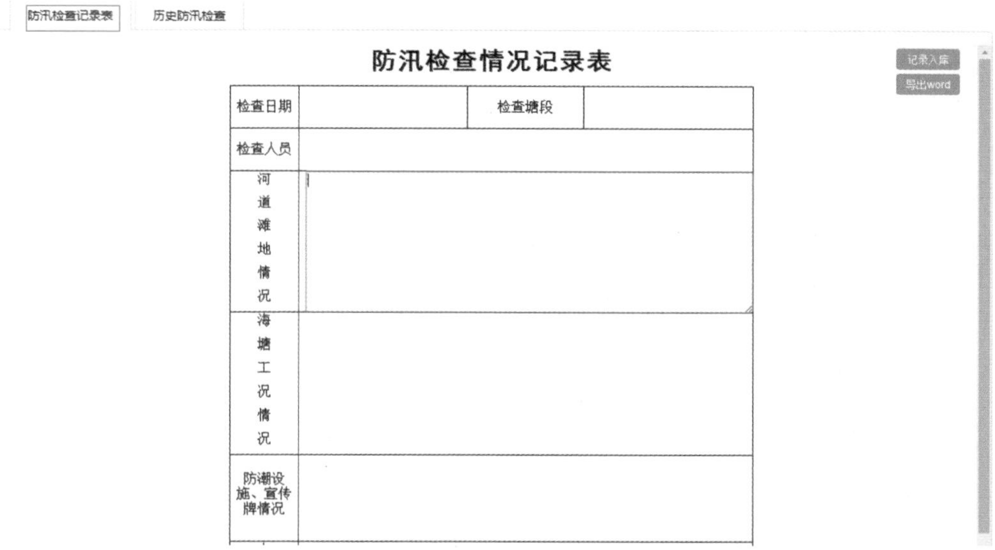

图 5-122 防汛检查情况记录表

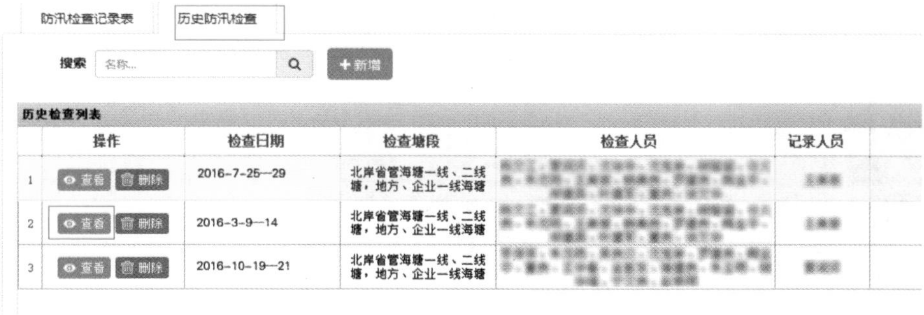

图 5-123 历史防汛检查记录列表

b. PC 端问题上报。点击"问题上报",可以对视频监控巡查、群众举报等多类别事件进行上报,如图 5-127 所示。

c. 对处理中和处理结束的现场进行记录。对事件处理过程中、处理结束的照片和文字进行记录,这些过程照片和文字,通过 PC 端和手机端都可以添加,实现闭环,如图 5-128 所示。

5)半月报。根据管理处检查半月报填报的工作需求,增加"半月报"上报的功能模块。在软件平台中,可以设置限定的报表填报时间,不同处室通过下载表格—填写—上报,来完成填报周期。

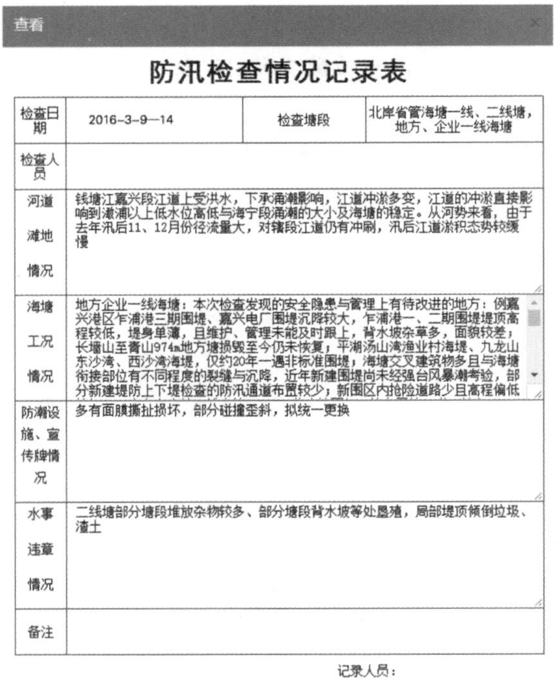

查看

防汛检查情况记录表

检查日期	2016-3-9—14	检查塘段	北岸省管海塘一线、二线塘，地方、企业一线海塘
检查人员			
河道滩地情况	钱塘江嘉兴段江道上受洪水，下承涌潮影响，江道冲淤多变，江道的冲淤直接影响到澉浦以上低水位高低与海宁段涌潮的大小及海塘的稳定。从河势来看，由于去年汛后11、12月份径流量大，对辖段江道仍有冲刷，汛后江道淤积态势较缓慢		
海塘工况情况	地方企业一线海塘：本次检查发现的安全隐患与管理上有待改进的地方：例嘉兴港区乍浦港三期围堤、嘉兴电厂围堤沉降较大，乍浦港一、二期围堤堤顶高程较低，堤身单薄，且维护、管理未能及时跟上，背水坡杂草多，面貌较差；长墙山至青山974m地方塘损毁至今仍未恢复；平湖汤山湾渔业村海堤、九龙山东沙湾、西沙湾海堤，仅约20年一遇非标准围堤，海塘交叉建筑物多且与海塘衔接部位有不同程度的裂缝与沉降，近年新建围堤尚未经强台风暴潮考验，部分新建堤防上下堤检查的防汛通道布置较少；新围区内抢险道路少且高程偏低		
防潮设施、宣传牌情况	多有面膜撕扯损坏，部分碰撞歪斜，拟统一更换		
水事违章情况	二线塘部分塘段堆放杂物较多、部分塘段背水坡等处垦殖，局部堤顶倾倒垃圾、渣土		
备注			

记录人员：

图 5-124　历史防汛检查详细信息

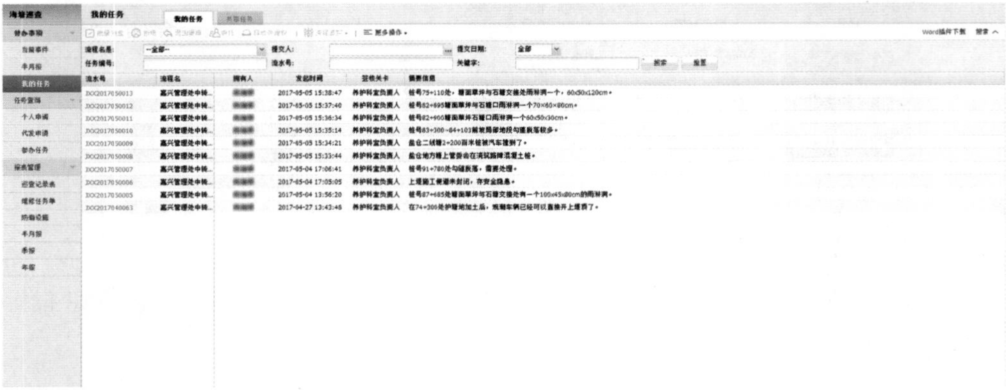

图 5-125　事务处理模块

点击“下载模板”下载表格模板，填写数据后，点击“导入数据”，如图 5-129 所示。

填写完成后，可以看到每个处室上报的总的报表，以及哪些处室已上报，哪些尚未上报，如图 5-130 所示。

图 5 - 126　查看未处理问题

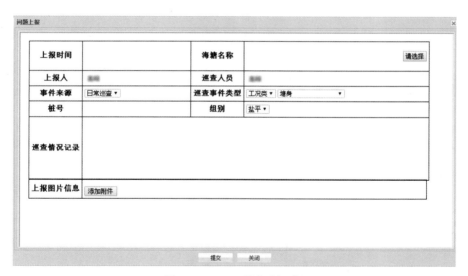

图 5 - 127　PC 端问题上报

（3）安全监测。

1）气象信息。气象信息包括卫星云图、雷达图、台风路径、天气预报和短临降水。

a. 卫星云图。该模块展示了三维云图、可见光云图、水汽云图、红外云图4 种。选择需要的云图，双击一下，可进行画面全屏显示，再次双击进行恢复，

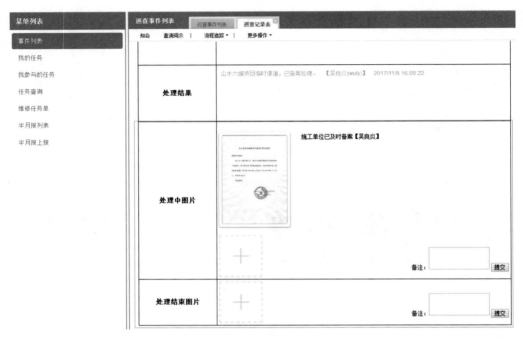

图 5-128　事件处理闭环管理

图 5-129　半月报数据导入

也可选择不同时间的云图照片进行查看，点击 ⏵ 显示动态影像。

b. 雷达图。雷达图包括浙江、华东等地雷达图的展示。双击画面可进行放大缩小，不同时期影像选择、图片动态显示的操作与卫星云图模块一致。

c. 台风路径。该模块显示当前台风的情况，包括台风名称、时间、风圈影响范围、风力、风速等信息。

d. 天气预报。该模块展示了全省的天气预报，点击地图可查看各个市的分区天气预报。

e. 短临降水。该模块展示了浙江省未来 1h 内的降雨预报。

2）雨情监测。点击雨情监测，跳转至钱塘江河口防汛管理平台中的水雨情模块，以表格形式展示各站点的实时雨情信息，如图 5-131 所示。

3）潮位监测。点击潮位监测，跳转至钱塘江河口防汛管理平台中的水雨情

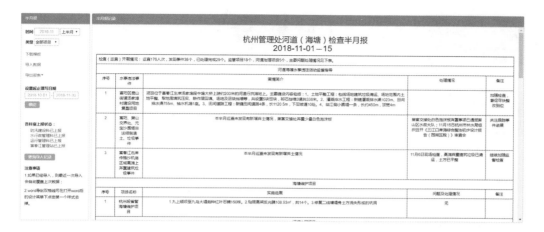

图 5-130　处室半月报上报状态列表

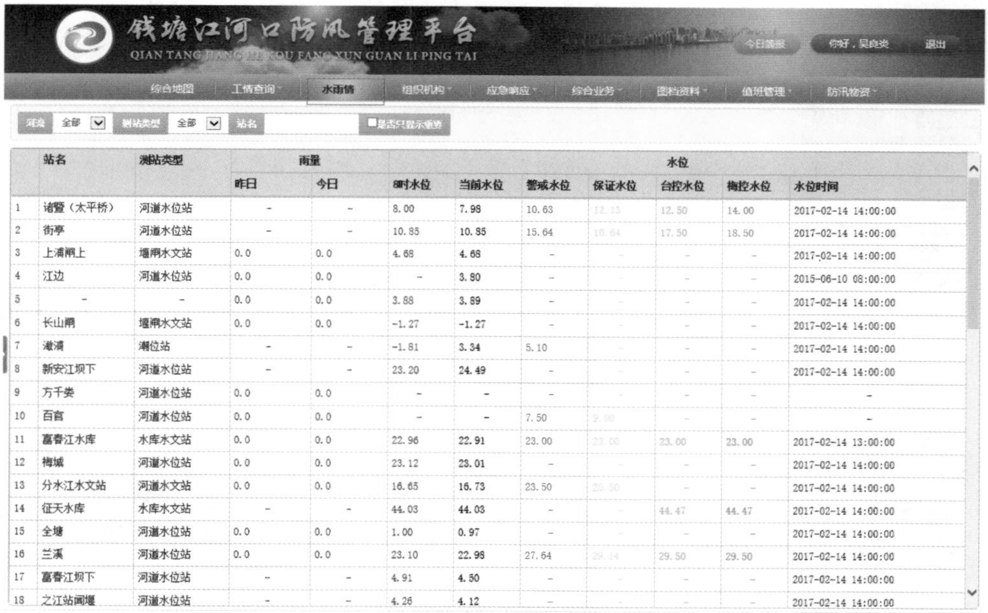

	站名	测站类型	雨量		水位						
			昨日	今日	8时水位	当前水位	警戒水位	保证水位	台控水位	梅控水位	水位时间
1	诸暨（太平桥）	河道水位站	-	-	8.00	7.98	10.63	12.13	12.50	14.00	2017-02-14 14:00:00
2	街亭	河道水位站	-	-	10.85	10.85	15.64	16.64	17.50	18.50	2017-02-14 14:00:00
3	上浦闸上	堰闸水文站	0.0	0.0	4.68	4.68	-	-	-	-	2017-02-14 14:00:00
4	江边	河道水位站	0.0	0.0	-	3.80	-	-	-	-	2015-06-10 08:00:00
5	-	-	0.0	0.0	3.88	3.89	-	-	-	-	2017-02-14 14:00:00
6	长山闸	堰闸水文站	0.0	0.0	-1.27	-1.27	-	-	-	-	2017-02-14 14:00:00
7	澉浦	潮位站	-	-	-1.81	3.34	5.10	-	-	-	2017-02-14 14:00:00
8	新安江坝下	河道水位站	-	-	23.20	24.49	-	-	-	-	2017-02-14 14:00:00
9	方千奕	河道水位站	0.0	0.0	-	-	-	-	-	-	-
10	百官	河道水位站	0.0	0.0	-	-	7.50	9.00	-	-	-
11	富春江水库	水库水文站	0.0	0.0	22.96	22.91	23.00	23.00	23.00	23.00	2017-02-14 13:00:00
12	梅城	河道水位站	0.0	0.0	23.12	23.01	-	-	-	-	2017-02-14 14:00:00
13	分水江水文站	河道水文站	0.0	0.0	16.65	16.73	23.50	25.50	-	-	2017-02-14 14:00:00
14	征天水库	水库水文站	-	-	44.03	44.03	-	-	44.47	44.47	2017-02-14 14:00:00
15	全塘	河道水位站	0.0	0.0	1.00	0.97	-	-	-	-	2017-02-14 14:00:00
16	兰溪	河道水位站	0.0	0.0	23.10	22.98	27.64	29.14	29.50	29.50	2017-02-14 14:00:00
17	富春江坝下	河道水位站	-	-	4.91	4.50	-	-	-	-	2017-02-14 14:00:00
18	之江站闸堰	河道水位站	-	-	4.26	4.12	-	-	-	-	2017-02-14 14:00:00

图 5-131　雨情监测

模块，以表格形式展示各站点的实时潮位信息，如图 5-132 所示。

4）视频监控。该模块可以显示海塘工程的实时监控视频，首次使用的用户需要点击左上方“视频插件下载”，安装视频插件。在表格中双击或者点击地图中的视频要素，即可查看该视频点的实时监控视频，如图 5-133 所示。

图 5-132　潮位监测

图 5-133　视频监控

5）视频墙。通过视频墙的展示形式，可以同时查看多路视频，展示方式包括 2×2、3×3、4×4 等多种，如图 5-134 所示。

6）观测报告。

a. 报告查看。可查看已经上传的观测报告，包括近岸滩地观测、海塘变形观测等不同的观测类型，如图 5-135 所示。

图 5-134 视频墙展示形式

图 5-135 观测报告查看

b. 上传报告。点击"上传报告"进行观测报告成果的上传，如图 5-136 所示。为了格式的统一，目前只支持 PDF 上传。

c. 管理报告。点击"管理报告"，对已上传的报告进行删除等管理操作，如图 5-137 所示。

7）塘前滩地观测。

a. 选择一段海塘，点击"塘前滩地"，选择具

图 5-136 观测报告成果上传

图 5－137　观测报告管理

体的某一断面，可查看最近一个月的塘前滩地观测结果。

b. 点击右侧下拉框，选择观测数据的时间，可在曲线上叠加显示不同时间点的观测结果，如图 5－138 所示。

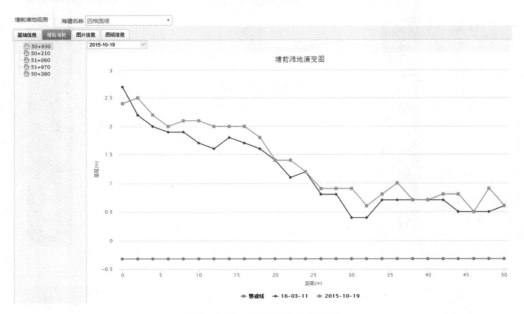

图 5－138　塘前滩地观测曲线

（4）应急管理。

1）防汛平台。防汛平台链接至"钱塘江河口防汛管理平台"。

2）应急预案。

a. 预案查询。该模块可以查询各管理处年度应急预案，包括按应急响应行动的等级查询，实现预案的电子化和结构化管理，如图 5－139 所示。

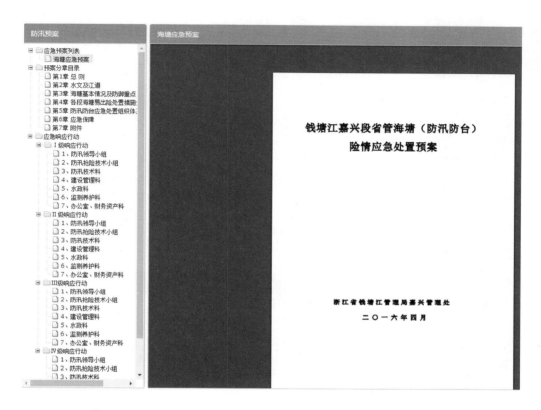

图 5-139　应急预案查询

图 5-140　预案上传

b. 预案管理。可以新增和删除每年的应急预案。点击"增加"，进行新增，进入上传预案界面，如图 5-140 所示；点击"删除"，进行删除。

3）防汛物资。该模块可以查询管理处防汛物资储备情况，点击左侧列表，可对防汛物资储备点进行定位，并显示储备点储备物资详情。点击"修改"，可修改物资储备信息，如图 5-141 所示。

4）险情上报。当发现险情时，点击"上报险情"，实现险情信息的详细填报，如图 5-142 所示。点击表格空白处，可在线填写表格里面的内容。

5）安全鉴定。对海塘安全鉴定情况进行记录，点击"增加"，记录安全鉴定的结果、时间、承担单位以及安全鉴定报告，如图 5-143 所示。可以进行查看、编辑、删除等操作，如图 5-144 所示。

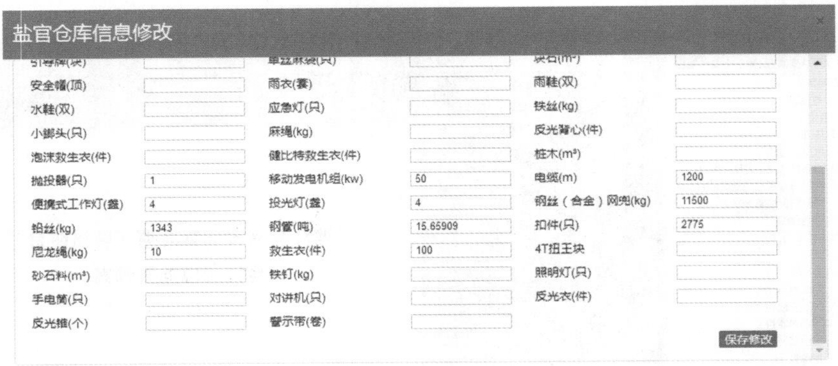

图 5-141 防汛储备物资信息修改

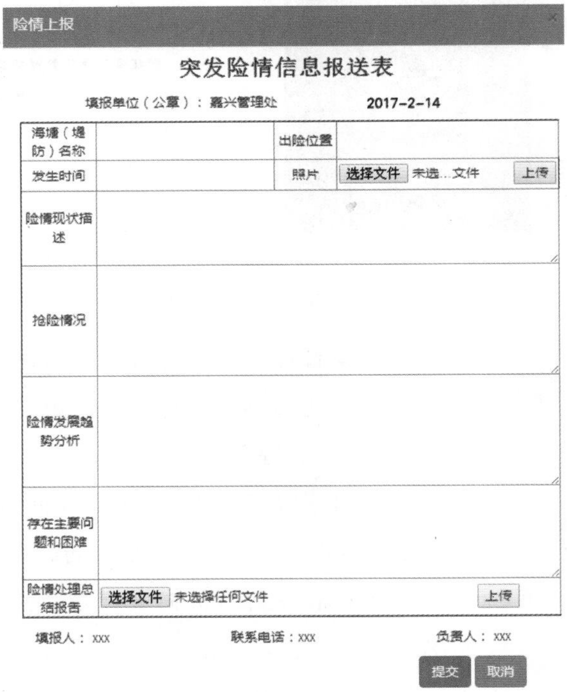

图 5-142 突发险情信息上报

6）除险加固。对海塘除险加固情况进行记录，点击"增加"，记录除险加固的时间、落实情况、除险加固计划、除险加固实施情况等，如图 5-145 所示。可以进行查看、编辑、删除等操作，如图 5-146 所示。

图 5-143　新增安全鉴定信息

图 5-144　安全鉴定报告书预览

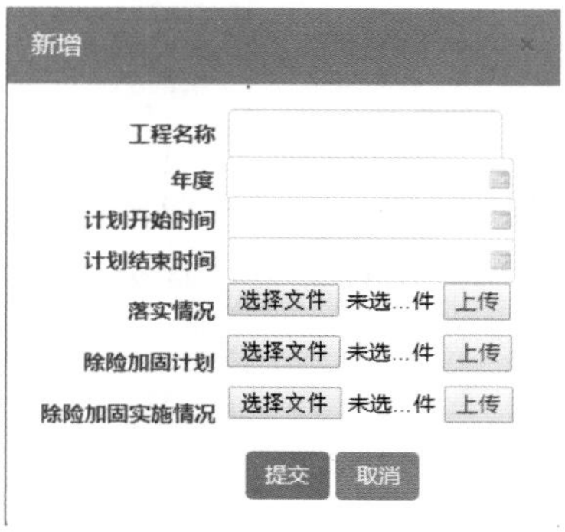

图 5-145　新增除险加固记录

落实情况	除险加固计划	除险加固实施情况	操作
查看	查看	查看	编辑　删除

图 5-146　除险加固记录管理

（5）设备管理。

1）设备登记。该模块可以查询、添加或删除设备情况。点击"增加"，对设备名称、存放地点、保管人员进行在线填写，如图 5-147 所示。

2）检查维修。当设备发生故障或需要报修时，对设备状态和故障说明进行在线登记备案，如图 5-148 所示。

图 5-147　新增设备信息

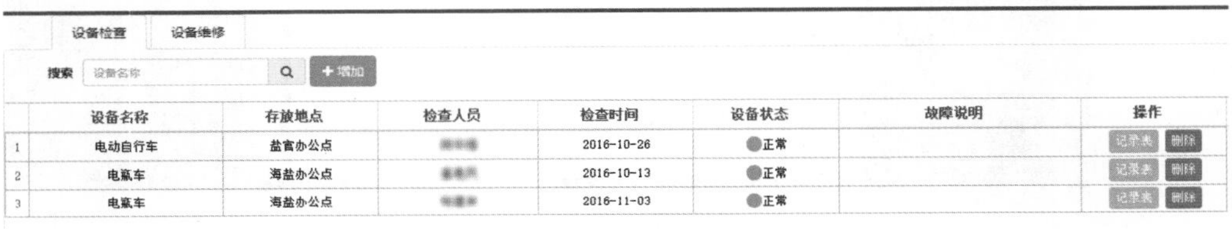

	设备名称	存放地点	检查人员	检查时间	设备状态	故障说明	操作
1	电动自行车	盐官办公点		2016-10-26	●正常		记录表 删除
2	电瓶车	海盐办公点		2016-10-13	●正常		记录表 删除
3	电瓶车	海盐办公点		2016-11-03	●正常		记录表 删除

图 5-148　设备维修信息登记

5.2.2　新疆巡河实务

新疆巡河基于电脑端和手机端，能够进行任务派发、移动巡河、事件处理和巡河统计等功能，能够自动派发日常巡河任务，自动向巡河人员提供巡河提醒功能，使巡河业务更为人性化。

5.2.2.1　巡河任务派发

巡河任务包括按照巡河制度要求的常规巡河，上级河（湖）长、河长办通过电脑端或手机端下发的临时巡河，或监测预警等生成的事件任务。相应的任务对应巡河工单，包括巡河人员、巡河对象、巡河指标、巡河时间等，巡河人员能够查看相应的巡河任务。上级河（湖）长、河长办可通过电脑端进行任务派发，也可通过手机端进行任务派发。巡河任务列表和巡河任务创建如图 5-149 和

图 5 - 150 所示。

图 5 - 149　巡河任务列表

图 5 - 150　巡河任务创建

5.2.2.2　移动巡河

　　河长通为乡级以上河（湖）长及基层巡河员提供手机端移动巡河，巡河人员发现问题可随时上报，巡河记录实现语音识别，记录轨迹，实现巡河工作可溯源，提升河湖管理积极性。

　　根据河（湖）长制相关要求，各级河（湖）长需按照规定进行日常巡河，以及指派巡河。巡河任务工单分为日常工单、投诉工单、临时工单和自主巡河四类，如图 5 - 151 所示。

　　日常工单是上级河长按照相应计划，给巡河员下达的巡河任务；投诉工单，即社会公众通过微信公众号和微信小程序对有问题河段进行的投诉举报；临时

图 5-151　巡河任务工单

工单，一般是遇到突发情况时，上级河（湖）长下发的临时巡河任务；自主巡河，即自己主动去巡河。

各级河（湖）长及巡河员根据相应工单开展移动巡河，可记录巡河指标情况、巡河轨迹，并能够在地图上显示巡河路线，如图 5-152 所示。

图 5-152　日常工单—日常巡河

在巡河过程中，检查指标有杂物漂浮、污水偷排偷放、水体异样和水质浑浊等情况，记录巡查结果正常或者不正常，如果不正常，则要填写备注信息，上传图片和语音等证据，如图5-153所示。巡查情况上报后，受理人员接收相应的巡河事件。

巡河完成后，巡河任务会进行状态变化，如图5-154和图5-155所示。

图5-153　杂物漂浮

图5-154　日常巡河已完成

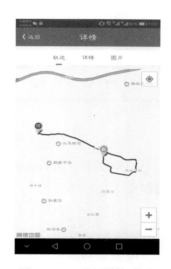
图5-155　巡河详情-轨迹

5.2.2.3　巡河事件处理

（1）受理。河长办可对巡河人员发出巡河工单，要求其巡河核实。属实的进行立案操作，即指派相关人员进行处理；不属实的则拒绝立案。

（2）处理。被指派人员接收待办理信息，办理完成后提交办理情况报告。提供问题处理前后照片对比功能，如图5-156所示。

图5-156（一）　巡河事件处理

图 5-156（二）　巡河事件处理

（3）结案。河长办核实通过的事件进行结案操作，并将办理结果反馈至问题提交人员。

5.2.2.4　巡河统计

电脑端和手机端都可以提供今日、近 7 天、近 15 天、近一个月和近三个月的巡河事件统计信息，能够按照行政区划、事件类型、事件办理状态等进行统计并以统计图表进行展示，如图 5-157 和图 5-158 所示。

图 5-157　巡河统计（电脑端）

可查询巡查记录、巡河轨迹及巡河图片，如图 5-159 所示。

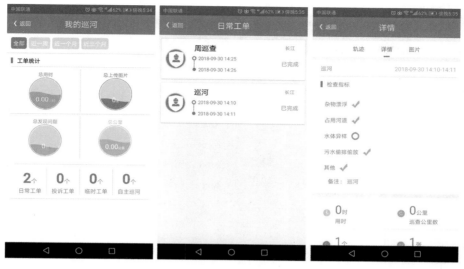

图 5 - 158　巡河统计（手机端）

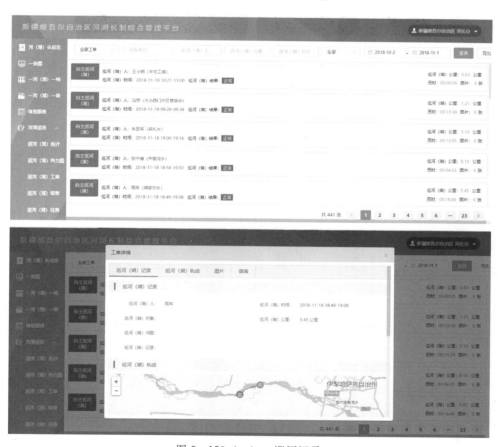

图 5 - 159（一）　巡河记录

图 5-159（二） 巡河记录

第6章

新 技 术 应 用

6.1　河长之眼（无人机智能巡河）

6.1.1　无人机智能巡河系统框架

　　基层管理人员首先需要利用巡检飞行规划系统对水利设施进行路线规划，路线规划包括飞行的路径和每个巡检节点应该采取的动作（拍照、摄像等），巡检路线会存储在中心数据库中以方便日后使用。巡检时管理人员到达预先设定的起飞地点并启动巡检飞行程序，巡检无人机会在程序的操控下按照预设的路径进行巡检。完成巡检后管理人员将无人机所采集到的航拍图像集作为输入提供给目标识别神经网络，神经网络根据已经训练好的模式逐个判别航拍图像集合中是否存在疑似异常目标（如非法取水口等），判别完成后得到一个疑似异常目标图像集合反馈给管理人员，管理人员最后对该疑似异常目标图像集进行人工确认，如图6-1所示。

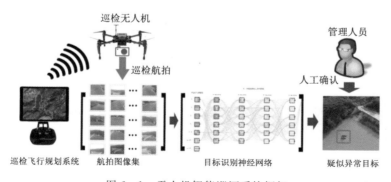

图6-1　无人机智能巡河系统框架

6.1.2　无人机智能巡河系统功能

无人机智能巡河系统主要包括巡检飞行规划系统、目标识别神经网络两大模块。

1. 巡检飞行规划系统

管理人员可以利用该巡检飞行规划系统对辖区内的各类水利工程的巡检航拍方案进行规划,巡检方案主要包括飞行路线和巡检动作两部分。飞行路线由一系列巡检点组成,管理人员根据水利设施布局特点按顺序设置巡检点,每个巡检点包括经纬度、高度、相机俯仰角度等信息。巡检动作主要是设置无人机在巡检点以及巡检点间应该采取的动作,包括拍照、摄像、升降、旋转等动作。实际巡检时巡检无人机会先加载预先设置的巡检方案,然后由机载计算机自动控制整个飞行过程,操作人员可以在特定情况下人工操作终止或暂停任务。

巡检飞行规划系统包括电脑端和移动端两种方式供管理人员进行规划,电脑端管理人员可以在电子地图上对巡检点进行编辑,移动端除了电子地图上的巡检点编辑模式外还允许管理人员在实际环境下记录无人机的当前状态(坐标、角度等)作为巡检点。巡检方案规划完成后会保存在本地并同步到云端服务器上,管理人员可以方便地使用不同的终端来访问和编辑巡检方案。

2. 目标识别神经网络

巡检航拍过程中会产生大量的图像信息,其中只有少部分是异常的。目标识别神经网络的主要作用是自动识别获取的航拍图像集中是否有疑似异常目标,并将其筛选出来提供给管理人员进行判断。神经网络并不像人类具有高度的目标识别能力,它只能通过学习之前已有的异常目标图像集合来获得识别这类目标的基本能力,因此它适合用来过滤掉大量无异常的图像,最后包括可疑目标的图像还是需要通过人工来进行确认。

6.1.3　无人机智能巡河应用案例

无人机智能巡河可解决日常河道人工巡查耗时耗力、无法全面覆盖的难题,并为发现、处置河道管理事件提供及时、真实、高效的数据信息;日常污染源发现,结合挂载夜视相机,可发现晚上偷排现象;采用科技手段进行全方位的巡河模式,建立三维景观模型、数字地表模型等,结合大数据的应用,及时发现污染源、堰塞湖等隐患，实现河流治理的智能化。无人机智能巡河画面如图 6-2 所示。

图 6-2　无人机智能巡河画面

6.2　水下机器人技术

6.2.1　水下机器人分类

水下机器人也称潜水器，按其使用方式可分为载人水下机器人（HOV）、载人无人两用水下机器人和无人水下机器人（UUV），如图 6-3 所示。

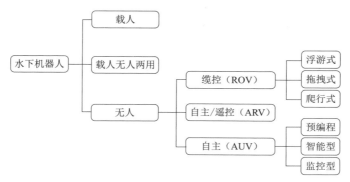

图 6-3　水下机器人分类

载人水下机器人主要用于代替潜水员在深海中开展水下探查和工作。无人水下机器人主要包括缆控水下机器人（ROV）、自主/遥控两用水下机器人（ARV）和自主水下机器人（AUV）。脐带缆是能够传递水上控制器的控制信号及水下系统传感器传回数据的纽带，它具有强度高、可靠性高、抗腐蚀、经济、安全等诸多优点。AUV 则摆脱了脐带缆的物理影响，完全依赖自身所携带的能源，能更灵活地进行水下作业，因其不受脐带缆长度的限制，故探索范围更广阔。ARV 是一种全新概念的水下机器人，它既有可像 ROV 那样通过传回的水下视频画面进行精细操作的特点，又有 AUV 按预先设定的指令自主巡航的特点，很好地结合了两种水下机器人的优点，但其本身最大的优点是使用了轻量级的微细光缆代替传统电缆，使其具有更远距离、更大深度、实时操作、机动灵活的特点。因为水库水位相对不稳定等特殊环境因素的影响，水利行业目前主要使用观察型 ROV。

6.2.2　国内水下机器人技术现状

我国经过近 30 年的发展和研究，已能独立开发生产浮游式、拖曳式、爬行式等型号的 ROV，并将其投入到海洋开发、安全监测等多方面的使用中。2012年 12 月我国第一台用于海底电缆、光缆的埋设、监测、维修的自走式海缆埋设机 "CISTAR" 在中国科学院沈阳自动化所研制成功，标志着我国作业型爬行水下机器人技术取得了重大突破。2003 年 9 月我国第二次北极科考队进入北冰洋的浮冰区后，首次使用由我国自行研制的 ROV 水下机器人对冰层的厚度、温度、盐度和生物的生存条件等进行了连续跟踪调查。国内功能最强大、下潜最深的水下取样型机器人 "海龙" 号于 2004 年在上海交通大学水下工程研究所问世。

6.2.3　水下机器人在水利行业的应用

我国拥有水库大坝近 10 万座，是世界上拥有水库大坝最多的国家，因此水库的安全问题是极其重要的。然而在现存的数量众多的水库高坝中一些工程由于长年挡水运行，加上受水工建筑物结构自然老化和地震等地质灾害的影响，存在坝体渗漏、混凝土裂缝、冲蚀、冲抗等许多安全隐患，这些安全问题严重阻碍了工程的安全运行和长期效益的发挥。由于这类安全问题通常处于水下，人为排查问题难度较大，且大多数水库大坝不具备放空条件，因此亟须解决水下安全隐患探测问题。近年来水下机器人的快速发展为解决这类问题提供了可能。同时，使用 ROV 进行水下检测还有以下优点：

（1）高安全性。在水库中运用 ROV 检测安全隐患无需工作人员一起下水作业，可以避免溺水等安全事故的发生。

（2）全面性。目前我国水库的最大深度都不超过 300m，ROV 在水库探测中不会受深度限制，因此可以进行全面细致的检测，同时可以大面积地覆盖检测任务。

（3）灵活性。ROV 多自由度的移动能力可自如应对水下复杂多变的环境。

（4）效率高。操作人员在岸上通过 ROV 传回的高清视频画面进行实时操作，ROV 利用脐带缆供电，可长时间在水下工作，大大提高了检测效率。

（5）操作简单。水下机器人检测系统主要由甲板控制单元、供电系统、脐带缆、ROV 主体（水下运动部分）和各类检测仪器组成，通过手柄控制水下主机的姿态和检测仪器进行工作，操作简单。

鉴于以上 ROV 进行水下检测的诸多优势和我国水利行业日益凸显的安全问题，ROV 在水利行业有广阔的应用前景，重点可应用到以下方面：

（1）水库大坝渗漏水下检测。对于混凝土坝接缝渗漏、面板堆石坝面板破损和止水破坏引起的渗漏，可采用 ROV 携带高清摄像、声呐和其他渗漏探测设备在上游坝面进行渗漏普查和破损情况详查。利用 ROV 自带的定位系统，确定渗漏部位，同时记录破损情况，为后期进行加固处理提供详细设计资料。

（2）水工建筑物水下混凝土缺陷检测。水工建筑物长年在水下运行，特别是挡水和泄水消能建筑物，因各种原因可能出现混凝土破损、冲蚀、结构变形等安全隐患，可采用 ROV 携带水下高清摄像、机械手等设备对混凝土缺陷进行水下检测。

（3）水工建筑物金属结构（闸门、拦污栅等）隐患检测。可采用携带高清摄像头的 ROV 近距离查看金属表面，结合 ROV 水深信息和传回的视频画面，判断金属构件的锈蚀程度和位置。

（4）水工建筑物水下淤积等检查。利用 ROV 携带扫描声呐、多波速测深系统等，可快速对坝前水库淤积、闸门前淤积等进行检查。

（5）水工建筑物安全定期水下巡查。为满足重要水工建筑物安全运行的要求，需要定期对建筑物水下部分进行检查，确保建筑物的安全，因此利用 ROV

可轻易实现定期巡查，了解建筑物水下运行性状，为水库大坝的安全运行及管理提供支撑。

（6）新建水利水电工程各种水下应急检测和各类应急抢险工程水下检测等。

6.2.4　水下机器人应用案例

（1）云南某面板坝渗漏检测。云南某水库大坝由混凝土面板堆石坝、右岸溢洪道、左岸泄洪冲沙洞、左岸引水隧洞、压力管道、地面主副厂房及导流洞等组成，水库总库容 5.31 亿 m^3。大坝蓄水后出现了渗漏现象，为检查面板及垂直缝是否存在缺陷和渗漏，故采用观察型 ROV 对大坝的面板、垂直缝、周边缝等部位进行了水下摄像检查。检查后发现垂直缝金属盖片衔接处存在渗漏，利用搭载的喷墨系统进行验证，发现示踪剂有明显的吸入现象，如图 6-4 所示。

（2）重庆某面板坝渗漏检测。重庆某水库由混凝土面板堆石坝、土石副坝、溢洪道、取水塔和取水隧洞等组成，水库总库容 1629 万 m^3。水库运行的前几年，渗漏量一直保持在正常范围之内，2015 年年底渗漏量突然增大，经分析后猜测面板及止水防渗体可能存在渗漏，故采用 ROV 对面板进行了水下检查，发现在大坝右岸靠近周边缝附近有一处错台裂缝，如图 6-5 所示，这是大坝渗漏突然增加的主要原因。

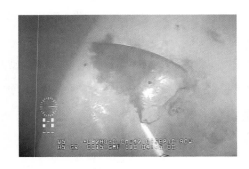

图 6-4　垂直缝渗漏验证

图 6-5　面板错台裂缝

我国在水下机器人领域取得的巨大成就，为水下机器人在我国水利行业的应用打下了坚实的基础，水下机器人技术在河湖管理中有非常广阔且明亮的前景。但是在将水下机器人技术应用于河湖管理时必须要考虑水域、水深等特殊的性质，在开发河长制适用的水下机器人时要进行针对性的研究，对其设备携带方便性、功能集成性等方面进行改进。

6.3 视频监控智能报警

6.3.1 智能视频监控系统简介

视频监控智能报警（视频智能分析）是采用图像处理、模式识别和计算机视觉技术，通过在监控系统中增加智能视频分析模块，借助计算机强大的数据处理能力过滤掉视频画面中无用的或干扰信息，自动识别不同物体，分析抽取视频源中的关键有用信息，快速准确地定位事故现场，判断监控画面中的异常情况，并以最快和最佳的方式发出警报或触发其他动作，从而有效地进行事前预警、事中处理、事后及时取证的全自动、全天候、实时监控的智能系统。

视频智能分析技术在水利安防的应用相对比较集中，主要是代替人眼观察，帮助用户完成环境扫描、自动报警，比如检测到水面漂浮物、水位超限、闸门未关、人员非法闯入等，为用户提供一种可自动进行特征识别的软件系统，包括标尺刻度分析、闸门开启状态分析、禁止游泳区域警戒线分析等软件算法，提高用户工作效率，真正做到智能化监控。

6.3.2 智能视频监控系统主要功能

（1）目标识别。目标识别是指对监控画面中各种人及物体进行识别，包括对人以及车辆、箱、包等各种物体的识别。目标识别是智能化分析的前提，只有准确无误地识别出监控画面中的各个目标，才能进行高准确度的智能化分析。

（2）目标跟踪。目标跟踪是指利用影像识别技术和视频行为分析技术对监控画面中人以及车辆、箱、包等各种物体运动的方向进行分析，进而判断出人以及车辆、箱、包等各种物体运动的方向及速度，根据这些数据可自动引导摄像头实时跟踪移动物体。

（3）穿越识别（单条）。在监控画面中画一条虚拟警戒线，一旦监控画面中有人以及车辆、箱、包等各种物体按照预定的方向穿越这条警戒线，即触发穿越警戒线报警。跨越警戒线又分为单向跨越和双向跨越：单向跨越规定从预定的方向跨越警戒线才触发报警，而双向跨越指的是从任何方向跨越警戒线都将触发报警。

（4）穿越识别（双条）。穿越双警戒线是指当人以及车辆、箱、包等各种物体穿越第一条警戒线时，并不触发报警；在预定时间内，穿越第二条警戒线时，立刻触发穿越双警戒线报警。

（5）进入识别。进入识别是指监控画面中有人以及车辆、箱、包等各种物体从预定区域的边界进入到该预定区域时，即触发进入报警。该区域也是在画面中预定的虚拟区域，可以是矩形或者不规则的多边形。

（6）离开识别。离开识别是指人以及车辆、箱、包等各种物体从某个预定区域内离开该区域边界时，即触发离开报警。

离开识别和进入识别都是为了保证在一定的时间内，禁止目标进入或者离开预定区域。

（7）出现识别。出现识别是指人以及车辆、箱、包等各种物体出现在监控画面中的预定区域时，即触发出现报警。

出现识别与进入识别都是对监控画面中的预定区域产生的分析识别，两者的区别在于，进入识别强调的是目标从边界进入到预定区域内；而出现识别强调的是目标突然从预定区域内出现〔如盗贼可能从地下（预定区域）挖一个洞钻出来，这种情况符合出现识别而不符合进入识别〕。

（8）消失识别。消失识别是指人、车辆或者其他物体突然从某个预定区域内消失时，即触发消失报警。消失识别强调的是目标从预定区域内突然消失，而离开识别强调的是目标从区域边界离开的行为。

（9）弃置识别。弃置识别是指预定区域中监控目标将物体遗弃于预定区域内，同时物体在预定的时间内未被取走，即触发弃置报警。在反恐应用中，当有不明身份的人遗弃随身所带的行李包时，即触发弃置报警。工作人员将在第一时间发现被遗弃的不明包裹，及时赶往现场排除可疑物体。

（10）取走识别。取走识别是指预定区域内某物体被取走时，即触发取走报警。取走识别适用于对贵重物品或特定监控目标的监控，如当博物馆中某一幅名画被取走时，即触发取走报警。

（11）场景变化识别。场景变化识别是指当摄像头被转动位置或被遮掩等原因造成场景变化时，智能视频分析系统能够自动捕获这类行为并产生场景变化报警。

（12）滞留识别。滞留识别是指目标在预定区域内停留时间超过预定时间时，即触发滞留报警。滞留识别可用于对银行 ATM 取款机的监控，如取款时，能够防止取款人背后有人长期滞留。

（13）事件计数。事件计数是指对预定区域中出现的目标（人以及车辆、

箱、包等各种物体）进行数量上的统计。

（14）事件大小过滤器。事件大小过滤器是指在监控画面中预定两个大小不一的体积尺寸 A 和 B（$A>B$），系统可自动过滤掉体积大于预定体积 A 或小于预定体积 B 的目标，而只对体积处于 A 与 B 之间的目标进行分析，这样可有效降低识别过程中的误差，提高准确率。

6.3.3　智能视频监控系统应用案例

1. 河道保洁监控

监测水面是否清洁，河道内水草是否及时清理，如有石油泄露、水面垃圾堆积时水面场景发生变化，进而进行分析报警，从而保证河道畅通、水面清洁。同时监控河道沿线重要地段的工程情况、安全状况，防止对水利设施的破坏。河道保洁监控如图 6-6 所示。

图 6-6　河道保洁监控

2. 河道入侵监控

利用视频监控系统设置虚拟警戒区监视河道的安全状况、河道边界安防情况，判别人员入侵并与报警系统联动。现实生活中，每年都有人因越过堤坝游泳或进入水利禁区造成人员伤亡，如每年在钱塘江堤坝处由于违规观潮导致人员伤亡的事故屡见不鲜，为此可以在堤岸和禁区设置视频警戒线并应用人体检测技术。相关应用场景如图 6-7～图 6-9 所示。

图 6-7 船只进入场景识别分析

图 6-8 游泳场景识别分析

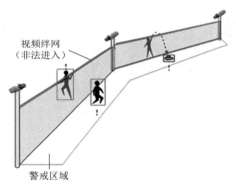

图 6-9 非法闯入场景识别分析

6.4 无人机遥感

6.4.1 无人机遥感影像简介

无人机遥感是无人机与遥感技术的结合，即利用先进的无人驾驶飞行器技术、遥感传感器技术、通信技术、遥感应用技术等，从而完成监测信息的自动化、智能化、专用化快速获取，且完成遥感数据处理、建模和应用分析的应用技术。无人机遥感系统具有机动、快速、经济等优势。遥感传感器技术是根据不同类型的遥感任务，使用相应的机载遥感设备，如高分辨率 CCD 数码相机、轻型光学相机、多光谱成像仪、红外扫描仪，激光扫描仪、磁测仪、合成孔径雷达等。使用的遥感传感器应具备数字化、体积小、重量轻、精度高、存储量大、性能优异等特点。

6.4.2 无人机遥感影像主要特性

（1）实时性。无人机在水利检测领域中，可搭载专业影像设备按照不同的监测对象通过计算机将无人机所收到的影像制作成视频、图像，并与无线传输技术结合，实现对不同高度不同区域的地点进行精确的影像实时传输和实时动态监控，为水利监测提供真实有效的影像内容与数据信息。

（2）便捷性。无人机与其遥感影像设备体型小，所需成本不高。无人机遥感技术通过控制系统可以按照不同的监测需求快速到达指定区域，其操作手段灵活易上手，能随时投入到任意区域的监测，极大地提高了监测的稳定性与监测效率的同时避免了不必要的危险，安全性大大增强。

（3）多功能性。无人机遥感技术还有一个关键的特点是其多功能、多用途性，能够全面获取到所接受的遥感信息及遥感影像数据并进行传输。其遥感影像的拍摄器材利用无人机平台根据所需要的功能及需求，可搭载改装过后的数码照相机，或者小型数码成像、视频设备，从而满足多元化的监测需求。

6.4.3 无人机遥感影像应用案例

（1）自然洪涝防汛监测中的应用。无人机遥感影像技术相比其他手段成本较低，操作性强，并且在自然洪涝防汛监测方面更是大大提高了监测的安全性和准确性，自然洪涝防汛监测工作常位于许多高危地形、险峻地形、洪涝灾情严重或者人为无法监测到的地区，而无人机可克服这些不利因素，尽快赶到需要监测的区域进行立体排查，第一时间探测险情，从而提高洪涝防汛预警的监测水平。在灾害已经发生的情况下，无人机也可以做到第一时间查看洪涝地区地形地貌与其受灾严重程度，根据自身遥感技术为救援防洪工作提供直观的灾害状况以及强度分布情况，为洪涝等灾害提供信息保障与科学、合理的救灾方案，避免救灾的错误性与盲目性。

（2）水域动态监测中的应用。随着人们生活水平的提高，对水资源的需求日益加重，水资源直接对人们的日常生活产生影响，甚至影响着社会的经济发展。要解决好这方面的问题，首要任务是把水利信息放于首要位置，做好对水域的动态监测。信息是水利决策的必要条件，且我国河流分布复杂，导致水域动态监测的任务十分繁杂。无人机遥感的可操作性与多用途性等特点使得其能够正确判断与分析水域形势、准确有效地制定出水域发展方案，从而有效地掌握地区的水域实时变化情况，对比传统的人工方式能够第一时间掌握清晰真实的图片与影像，且大大节省了人力、物力、财力，在水域监测行业上拥有巨大的优势。无人机遥感技术还可以做到人为方式难以做到的随时性与实时性，无人机可以通过对任一区域或者多区域的监测，实时了解水域的变化，能够杜绝一切不法行为，为水域动态监测打下坚实的基础条件。

（3）水利工程管理监测的应用。水利工程可以更好地利用水资源，是社会发展所必需的基础条件之一，如何科学地利用好水资源，从而减轻部分地区水资源短缺的压力，改善人们的用水条件，是水利工程的一大难题。大部分地区在开展水利工程建设时将重点放在了水利工程管理的监测和规划方面，而做好监测要明确：①要对监测的目标有所定位，制定明确的监测方案；②水利工程管理监测要符合可操作性和完整性；③要在经济的监测方案下确保其有效性与可行性。无人机遥感技术能够满足监测条件，通过无人机所捕获的清晰、高分辨率的影像与图片获取信息，确保监测质量，从而制定出科学的、可执行的和可操作性高的水利工程管理规划计划。

我国无人机遥感技术水平已经达到一定程度，其信息传输速度之快、数据收集之完整、性能之完善，是其他技术所无法达到的，且无人机遥感技术作为一种新兴的技术产业在市场上有很大的发展空间，随着信息产业的发展，能够为河长（湖）制、水利监测、水利工程设计、管理等提供信息保障与技术支撑，为用户提供更加便捷、实用的服务。

参 考 文 献

［1］ 云蛟 ."互联网＋"时代下智慧水利建设［J］. 内蒙古水利，2019（7）：75－76.

［2］ 郭亮亮，罗天文，吴恒友，等 . 大数据与云服务背景下的水利信息化技术应用［J］. 内蒙古水利，2018（10）：62－64.

［3］ 张恒，宋广，孔卫瑞 . 大数据在水利信息化中的应用及创新［J］. 河南水利与南水北调，2019（6）：89－90.

［4］ 吴丹，安方辉 . 基于物联网技术的智慧水利系统研究［J］. 科技创新与应用，2019（16）：55－56.

［5］ 谭界雄，田金章，王秘学 . 水下机器人技术现状及在水利行业的应用前景［J］. 中国水利，2018（12）：33－36.

［6］ 马力鹤，朱彦博 . 无人机遥感影像在水利监测领域的运用［J］. 黑龙江科学，2019（14）：60－61.

［7］ 俞伟 . 物联网技术在水利信息化中的应用［J］. 计算机产品与流通，2018（12）：99.

［8］ 赵宇 . 浅议 3S 技术在水利信息化中的应用［J］. 科技情报开发与经济，2005（14）：51－52.

［9］ 米沃奇 . 解读不断发展的云计算［J］. 电脑知识与技术（经验技巧），2016（8）：113－115.

［10］ 蒯向春 . 云网融合应用关键技术研究与设计［D］. 南京：南京邮电大学，2018.

［11］ 赵津 . 基于问题导向和流程再造的河长制业务化服务研究与实现［D］. 西安：西安理工大学，2019.

［12］ 丁彩云，胡振奎 . 云南省河（湖）长制信息管理系统设计［J］. 云南水力发电，2019（2）：160－163.